Schnelleinstieg SAP-Materialwirtschaft in SAP S/4HANA®

Erwin Janits

Willkommen bei Espresso Tutorials!

Unser Ziel ist es, SAP-Wissen wie einen Espresso zu servieren: Auf das Wesentliche verdichtete Informationen anstelle langatmiger Kompendien – für ein effektives Lernen an konkreten Fallbeispielen. Viele unserer Bücher enthalten zusätzlich Videos, mit denen Sie Schritt für Schritt die vermittelten Inhalte nachvollziehen können. Besuchen Sie unseren YouTube-Kanal mit einer umfangreichen Auswahl frei zugänglicher Videos: *https://www.youtube.com/user/EspressoTutorials*.

Kennen Sie schon unser Forum? Hier erhalten Sie stets aktuelle Informationen zu Entwicklungen der SAP-Software, Hilfe zu Ihren Fragen und die Gelegenheit, mit anderen Anwendern zu diskutieren:

https://forum.espresso-tutorials.com/.

Eine Auswahl weiterer Bücher von Espresso Tutorials:

- Christine Kühberger:
  Materialwirtschaft (MM) in SAP S/4HANA® – Deltafunktionen und Customizing *http://5556.espresso-tutorials.de*
- Ilka Dischinger:
  Lohnbearbeitung mit SAP S/4HANA® – Einkaufs- und Produktionsprozess *http://5649.espresso-tutorials.de*
- Ingo Licha:
  Rechnungsprüfung mit SAP® ERP (MM) – 2. Auflage
  https://es-tu.de/KutiUR
- Ingo Licha:
  Bestandsführung und Kontenfindung in SAP® ERP MM – 2. Auflage *https://es-tu.de/WVx8RG*
- Ingo Licha:
  Einkaufsorientierte Bedarfsplanung mit SAP® – 2. Auflage
  https://es-tu.de/8YqKf5
- Franziska Bernard:
  Praxishandbuch SAP® EWM: Planung und Einrichtung eines Materialflusssystems (MFS) *https://es-tu.de/fKyiB*

Bibliografische Information der Deutschen Nationalbibliothek
Die Deutsche Nationalbibliothek verzeichnet diese Publikation in der Deutschen Nationalbibliografie; detaillierte bibliografische Daten sind im Internet über https://portal.dnb.de abrufbar.

Erwin Janits
Schnelleinstieg SAP-Materialwirtschaft in SAP S/4HANA®

ISBN: 978-3-960123-12-5

Lektorat: Anja Achilles

Korrektorat: Die Korrekturstube

Coverdesign: Philip Esch

Coverfoto: © nordroden, # 223976161 – stock.adobe.com

Satz & Layout: Johann-Christian Hanke

1. Auflage 2024

URL: *www.espresso-tutorials.de*

Feedback:
Wir freuen uns über Fragen und Anmerkungen jeglicher Art. Bitte senden Sie diese an: *info@espresso-tutorials.com*.

Inhaltsverzeichnis

Vorwort 7

1 Beschaffung in SAP ERP – Überleitung SAP S/4HANA 11
- 1.1 Neue Oberfläche mit SAP Fiori 12
- 1.2 Vereinfachung des Datenmodells 14
- 1.3 Ablösung klassischer SAP-ERP-Programme 16

2 Grundlagen im Beschaffungsprozess 17
- 2.1 Organisationsebenen 20
- 2.2 Stammdaten 25
- 2.3 Bezugsquellen und Konditionen 58

3 Bestellabwicklung 87
- 3.1 Bestellanforderung 87
- 3.2 Bezugsquellenfindung 96
- 3.3 Bestellung via Banf anlegen 99
- 3.4 Bestellungen verwalten 103
- 3.5 Statusverwaltung/Nachverfolgung Bestellung 119
- 3.6 Freigabeverfahren 128

4 Wareneingang und Warenbewegungen 135
- 4.1 Grundlegendes zu Warenbewegungen 135
- 4.2 Wareneingang 138

5 Rechnungsprüfung 147
- 5.1 Grundlegendes 147
- 5.2 Lieferantenrechnung erstellen 154
- 5.3 Kreditorenzahlung (informativ) 164
- 5.4 Bestellentwicklung – Integration 167

6 Reporting **171**
6.1 Einkauf 171
6.2 Bestandsführung 176
6.3 Rechnungsprüfung 179

7 Optimierte Einkaufsabwicklung **183**
7.1 Orderbücher 183
7.2 Quotierungen 188

8 Zusammenfassung **193**

A Der Autor **195**

B Index **196**

C Disclaimer **201**

Vorwort

Die SAP hat in den letzten Jahren mit SAP S/4HANA Sourcing & Procurement eine breite Lösung für das Beschaffungsmanagement entwickelt und dabei ein besonderes Augenmerk auf die Warenwirtschaft gerichtet. Genau diese neuen Funktionen sowie die mithilfe von SAP-Fiori-Apps umsetzbaren Möglichkeiten stehen im Mittelpunkt des vorliegenden Buches.

Natürlich können Sie weiterhin mit einem Großteil der altbekannten SAP-GUI-Transaktionen arbeiten, aber die SAP wird diese in der Regel nicht mehr weiterentwickeln. Das heißt, neue Erweiterungen und Funktionen werden zunehmend nicht mehr eingebunden sein und könnten Ihnen bei einem Verzicht auf die Fiori-Oberfläche fehlen.

Dieses Tutorial soll Ihnen einen prompten Überblick und Einstieg in die Beschaffungs- und Bestandsführungsfunktionen bis hin zur Rechnungsprüfung mit einem besonderen Augenmerk auf SAP S/4HANA liefern.

Zu Beginn wird ein Grundverständnis der SAP-Organisations- und Stammdaten aufgebaut. Dieses dient als Basis für die Einführung in den Beschaffungsprozess (Purchase-to-Pay). Anschließend folgen zwei Kapitel zur Veranschaulichung der Warenbewegungen und der Bestandsführung. Im fünften Kapitel befassen wir uns mit der am Ende der Prozesskette stehenden Rechnungsprüfung mit einem Ausblick auf den Zahlungsschritt (Zahllauf). Die beiden letzten Kapitel sind den Themen Reporting und Optimierungen in der Einkaufsabwicklung gewidmet.

Als wesentliche Unterscheidung zu den vorherrschenden Tutorials basierend auf der SAP-S/4HANA-Vorgängerversion SAP ERP werde ich alle Prozessschritte in den zukunftsträchtigen/heute bevorzugten Fiori-Apps beschreiben. Der Einsatz von SAP-GUI-Transaktionen wird allenfalls nachrangig behandelt bzw. vermieden.

Das Buch hilft besonders Mitarbeitern, die von SAP ERP auf SAP S/4HANA umsteigen und sich mit den Fiori-App-Prozessabläufen im Beschaffungswesen vertraut machen wollen. Auch kann dieses Tutorial als ideale Vorbereitung für vertiefende Kurse bei der SAP dienen.

Danksagung

Gerne möchte ich mich bei Herrn Munzel von Espresso Tutorials bedanken. Er hat mir mit diesem Titel bereits zum zweiten Mal die Gelegenheit gegeben, ein Buch für Espresso Tutorials zu schreiben. Nach meiner langjährigen Arbeit im SAP-Umfeld ist dies für mich die ideale Herausforderung in meinem noch frischen Pensionsleben.

Einen herzlichen Dank möchte ich auch an Anja Achilles und Bernhard Edlmann, meine begleitenden Lektoren, richten, die meinem Buch den letzten Schliff verpasst haben.

Vielen Dank auch dem gesamten Team von Espresso Tutorials, das bereitwillig alle administrativen und technischen Probleme umgehend gelöst hat.

Zu guter Letzt danke ich meiner Familie, die mir den nötigen Rückhalt gespendet hat, und besonders meinem Sohn Michael Janits (SAP-Beratung, Autor); er brachte die idealen Voraussetzungen für fachlich fundierten Input und bereichernde Diskussionen mit.

In den Text sind Kästen eingefügt, um wichtige Informationen besonders hervorzuheben. Jeder Kasten ist zusätzlich mit einem Piktogramm versehen, das diesen genauer klassifiziert:

Hinweis

Hinweise bieten praktische Tipps zum Umgang mit dem jeweiligen Thema.

Beispiel

Beispiele dienen dazu, ein Thema besser zu illustrieren.

! Achtung

Warnungen weisen auf mögliche Fehlerquellen oder Stolpersteine im Zusammenhang mit einem Thema hin.

Die Form der Anrede

Um den Lesefluss nicht zu beeinträchtigen, verwenden wir im vorliegenden Buch bei personenbezogenen Substantiven und Pronomen zwar nur die gewohnte männliche Sprachform, meinen aber gleichermaßen Personen weiblichen und diversen Geschlechts.

Hinweis zum Urheberrecht

Sämtliche in diesem Buch abgedruckten Screenshots unterliegen dem Copyright der SAP SE. Alle Rechte an den Screenshots hält die SAP SE. Der Einfachheit halber haben wir im Rest des Buches darauf verzichtet, dies unter jedem Screenshot gesondert auszuweisen.

1 Beschaffung in SAP ERP – Überleitung SAP S/4HANA

Zwei wesentliche interne Beweggründe haben die SAP veranlasst, ihre Unternehmenssoftware SAP ERP den neuen Anforderungen der Digitalisierung anzupassen. Auf der einen Seite mussten die Geschäftsprozesse vor allem den flexiblen Benutzeroberflächen von Smartphones und Tablets gerecht werden. Auf der anderen Seite war es an der Zeit, das Datenmodell mit den unzähligen Tabellen zu vereinfachen. Das Ergebnis kam 2015 mit dem Start der neuen Business Suite, genannt SAP S/4HANA.

Interne und externe Einflussfaktoren haben die SAP zu diesem großen Schritt bewogen, eine neue Prozesslandschaft mit SAP S/4HANA zu verwirklichen. Sehen Sie hier die ausschlaggebenden Themen:

- *Mobile Benutzer:* Geschäftsprozesse werden an die stark wachsende Anzahl von Smartphone- und Tablet-Usern angepasst.
- *Internet der Dinge (IoT):* Der mobile Datenverkehr breitet sich durch den Einzug/Ausbau der Digitalisierung in allen möglichen Geschäftsbereichen aus, z. B. Beschaffung, Vertrieb, Produktion, Finanz, Controlling, öffentliche Verwaltungen, Banken, Versicherungen.
- *Cloud Computing:* Die stark vernetzten und komplexen IT-Landschaften werden durch das Serviceangebot vielfältiger und hybrider Cloud-Plattformen bestens bedient. Selbst IT-Abteilungen von größeren Organisationen wären mit dem schnell wachsenden Bedarf komplexer Realisierungslösungen überfordert.
- *Maschinelles Lernen (ML):* Algorithmen und statistische Modelle ermöglichen gezieltere Prognosen und ebnen den Weg für schnelle und verlässliche Entscheidungen.

- *Künstliche Intelligenz (KI):* Informatiker beschäftigen sich mit der Schaffung intelligenter Maschinen, die idealerweise den Fähigkeiten der menschlichen Intelligenz möglichst nahekommen sollen. Das betrifft z. B. Bereiche wie Automatisierung, Problemlösung, Spracherkennung, Lernen, Planung.
- *Digitale Supply Chains:* Logistiker benötigen Echtzeiteinblicke für die Planung und Ausführung von komplexen Lieferketten.

Speziell das *Sourcing and Procurement* (SAP-S/4HANA-Beschaffungsprozess) betreffend, kommt noch ein weiterer Aspekt hinzu: die technische Komplexität der Landschaft im Zusammenhang mit älteren SAP-Lösungen, die für diesen Bereich vor der Integration mit SAP S/4HANA eingeführt wurden, wie z. B. *SAP Ariba*, SAP Supplier Relationship Management (*SAP SRM*) und SAP Supplier Lifecycle Management (*SAP SLC*). Unterschiedliche Systeme erfordern operative, taktische und strategische Anpassungen, was zu zahlreichen Herausforderungen bei der systemübergreifenden Ausrichtung und Bereitstellung der Daten führt.

All diese aufkommenden Veränderungen stellten sämtliche IT-Beteiligte vor immense Aufgaben; SAP antwortete darauf mit der Umstellung von SAP ERP auf SAP S/4HANA. Seit dem ersten Release 1511 (November 2015) werden nun sukzessiv Tabellen, Anwendungen und Prozesse auf die neue Systemlandschaft umgestellt.

1.1 Neue Oberfläche mit SAP Fiori

Der Einstieg in das SAP-S/4HANA-System erfolgt nun über das *SAP Fiori Launchpad* im Rahmen des grafischen *User Interface UI5*, das auf mobilen Geräten ebenso läuft wie auf Desktop-PCs. Über die Benutzerpersonalisierung wird Ihre Arbeitsumgebung konfiguriert, sodass Sie einen persönlichen Zugang für alle erforderlichen Anwendungen (*Fiori-Apps*) besitzen.

Neue Vokabeln

Im Kontext von Geschäftsprozessen wird statt *Anwendung* oft der Ausdruck *Funktion* verwendet. Gestartet werden diese Anwendungen/Funktionen mittels *Fiori-Apps* oder kurz Apps genannt.

In Abbildung 1.1 sehen Sie ein beispielhaftes Launchpad für eine Rolle (personalisierte Berechtigung) in der Beschaffung.

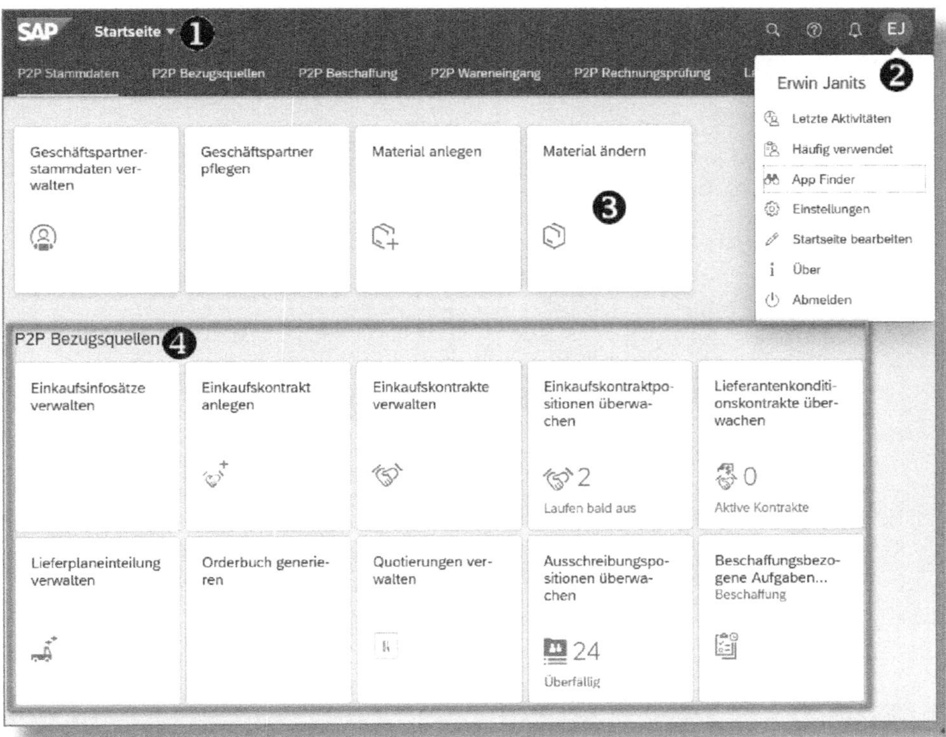

Abbildung 1.1: SAP Fiori Launchpad

Nach dem Einstieg erscheint ein *Navigationsdienst* ❶; hier können Sie mittels komfortabler Suchfunktion die gewünschten Apps finden.

Im *Benutzeraktionsmenü* ❷ können Sie als User in Abhängigkeit von Ihren Berechtigungen folgende Funktionen durchführen:

- LETZTE AKTIVITÄTEN anzeigen lassen
- HÄUFIG VERWENDETE Apps anzeigen
- APP FINDER: Apps mit verschiedenen Methoden suchen
- EINSTELLUNGEN: Personalisierungen vornehmen –
  - Design-Themen auswählen
  - Einstellungen für die Anzeige der Startseite vornehmen
  - Sprache und Region einstellen
  - Benutzer-Profiling aktivieren (für zukünftige individuelle Suchen)
  - Standardwerte pflegen (z. B. Werk, Kreditor, Einkaufsorganisation)
- STARTSEITE BEARBEITEN: Sie können sich nach Ihren Bedürfnissen die Kacheln und Kachelgruppen zusammenstellen bzw. verschieben.
- ÜBER: Hier bekommen Sie technische Informationen über die aktuelle *Anwendung*, das *System* und die *Umgebung*.
- ABMELDEN

Die Anwendungen sind in Form von *Kacheln* ❸ dargestellt und werden in der Regel zwecks Übersichtlichkeit immer in *Kachelgruppen* ❹ eingeteilt.

1.2 Vereinfachung des Datenmodells

Bei der Einführung von SAP S/4HANA wurde eine Vielzahl von bestehenden SAP-ERP-Tabellen auf das mögliche Minimum reduziert.

Ein gutes Beispiel ist die neue Tabelle MATDOC (Materialbelege), sie enthält die früheren Kopf- und Positionsdaten eines Materialbelegs sowie, je nach Zusammenhang, zahlreiche weitere Attribute.

In Abbildung 1.2 sehen Sie die komplexe Tabellenstruktur in SAP ERP und darunter nach der Vereinfachung in SAP S/4HANA, wo alle Daten in der Tabelle MATDOC zusammengefasst sind.

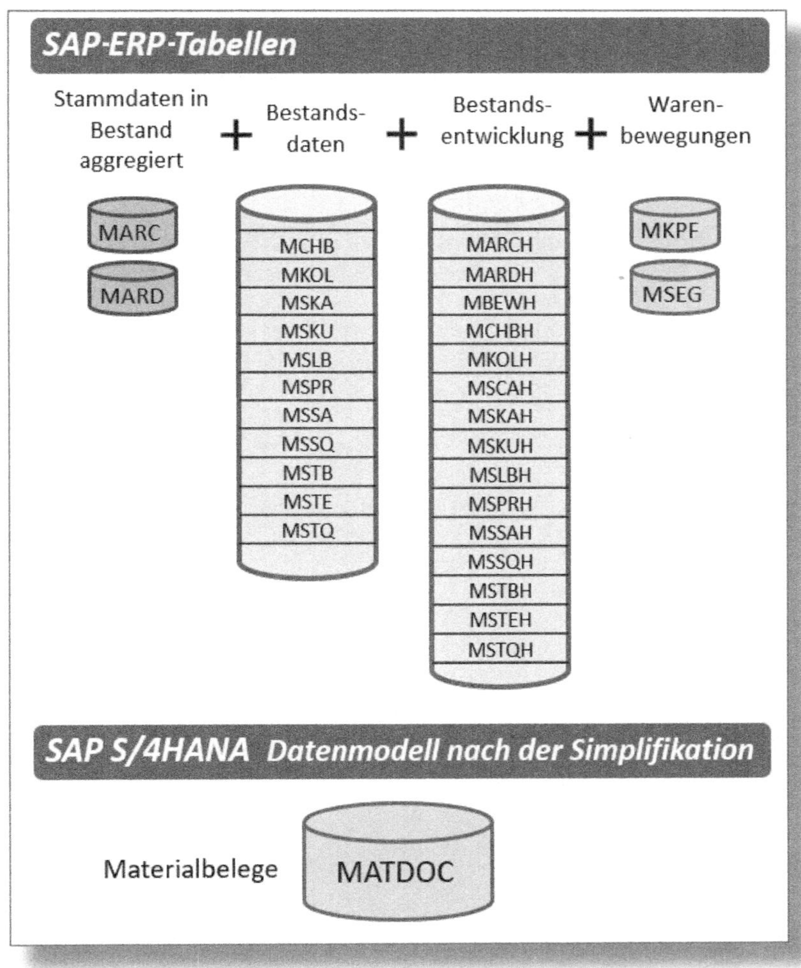

Abbildung 1.2: Vereinfachtes Datenmodell

Die Vereinfachung des Datenmodells über alle Module hinweg ist noch nicht gänzlich abgeschlossen, sondern wird von Zeit zu Zeit im Zuge der Releasewechsel in die betroffenen Bereiche eingebracht.

1.3 Ablösung klassischer SAP-ERP-Programme

In SAP S/4HANA werden die klassischen Transaktionen und *BAPIs (standardisierte Programmschnittstellen)* abgelöst. Davon ist auch die *Materialwirtschaft (MM)* mit den verschiedenen Komponenten (Submodule), wie *Einkauf/Beschaffung (MM-PUR)*, *Bestandsführung & Inventur (MM-IM)* und *Rechnungsprüfung (MM-IV)*, betroffen.

☛ Nachfolger der klassischen MM-Transaktionen

In SAP S/4HANA stehen für die abgelösten klassischen MM-Transaktionen und -BAPIs entsprechende Nachfolger zur Verfügung. Es sind keine Auswirkungen auf Geschäftsprozesse zu erwarten.

Detaillierte Informationen finden Sie im SAP-Hinweis »2267449: Arbeitsliste für Wechsel auf SAP S/4HANA – Ablösung klassischer SAP-GUI-Transaktionen von MM/PUR«.

2 Grundlagen im Beschaffungsprozess

In diesem Kapitel lernen Sie den Kernprozess der Beschaffung kennen. Gängige Bezeichnungen hierfür sind *Purchase-to-Pay* oder *Procure-to-Pay* sowie die Abkürzung *P2P*. SAP zählt in SAP S/4HANA Prozesse wie P2P zum *digitalen Kern*. Procure-to-Pay unterscheidet sich von Purchase-to-Pay dahingehend, dass der strategische Teil des Einkaufs etwas ausgeprägter ist, insbesondere im Anfrage-/Angebotsprozess.

Der Beschaffungsprozess umfasst typischerweise die in Abbildung 2.1 aufgeführten Schritte.

Abbildung 2.1: Typischer Beschaffungsprozess

Dieser klassische SAP-P2P-Prozess könnte in einer SAP-S/4HANA-Umgebung durchgeführt werden. Für eine Reihe zusätzlicher, komplexer Anforderungen (z. B. Kataloge, Self-Service, Anfragen- und Ausgabenmanagement) kann *SAP Ariba* hinzugezogen, d. h. je nach Bedarf ein hybrider Ansatz mit dem Vorteil der Integration in den *Digital Core* von SAP S/4HANA verfolgt werden. Der Digital Core umfasst Technologien der *Next Generation* wie *Advanced Analytics*, *IoT* (Internet of Things), *KI* (Künstliche Intelligenz) und *ML* (maschinelles Lernen).

☛ Strategische Lösung SAP Ariba

Mit SAP Ariba verfolgt die SAP eine strategische Lösung im Bereich *Source-to-Pay (S2P)*. So können Sie ein hybrides Modell bauen, in dem SAP-S/4HANA-Standardfunktionalitäten und die zusätzlichen Möglichkeiten von SAP Ariba dauerhaft sowie mit den jeweils aktuellen Releases gewartet und eingesetzt werden.

Exkurs: SAP Ariba

Auch wenn SAP Ariba nicht im Fokus dieses Buches steht, möchte ich Ihnen unbedingt kurz einige Highlights beschreiben:

SAP Ariba Catalog

- *Einsatz von Katalogen:* Sie können Funktionen nutzen, z. B. Katalogerstellung und -erfassung, Prüfung, Anreicherung, Klassifizierung und Genehmigungen erteilen.
- *Kataloginhalte verwalten:* Für eine effiziente und erfolgreiche Suche in den umfangreichen Inhalten der Kataloge bietet Ihnen das System eine erhöhte Anzahl und Qualität an Filtermöglichkeiten an.
- *API-Integration (Programmierschnittstelle):* Sie können offene und Katalog-APIs für das Automatisieren von Aufgaben wie das Hochladen von Suchdaten und Updates von Unternehmenssoftwaresystemen verwenden.

- *Intuitive Bedienung:* Die Akzeptanz der Mitarbeiter für ein System steigt mit einer benutzerfreundlichen Oberfläche. Mit vereinfachten Prozessen für den Einkauf sowie für den Katalogerstellungsprozess stellen Sie somit eine gute Basis bereit.

SAP Ariba Buying

- *Geführter Einkauf:* Das Tool hilft Ihren Mitarbeitern, beim Einkauf bevorzugte Lieferanten schnell zu erkennen und dabei Beschaffungsprozesse und -richtlinien ordnungsgemäß einzuhalten.
- *Sofortkäufe (Spot Buy):* Damit ermöglichen Sie den Mitarbeitern Einmalkäufe bei geprüften Lieferanten. Diese werden über einen individuellen B2B-Marktplatz kontrolliert.
- *Procurement Operations Desk:* Diese Funktionalität stellt Ihrem Beschaffungsteam ein skalierbares und kollaboratives Werkzeug zur Verfügung, mit dem es spezielle Bestellanforderungen prüfen sowie eine Bezugsquelle finden und genehmigen kann.
- *Anpassungsfähigkeit an globale Märkte:* Hier verringern Sie die Komplexität, die bei Beschaffungsprozessen über verschiedene Kulturen und Länder hinweg entsteht.

SAP Ariba Invoicing

- *Rechnungsmanagement:* Sie können mithilfe integrierter Regeln bei der kontaktlosen Rechnungsbearbeitung die Lieferanten auffordern, mögliche Fehler noch vor der Einreichung zu beheben. So verringern Sie den Bearbeitungsaufwand für Ihren Einkauf.

Eine mögliche hybride Lösung mit SAP Ariba und SAP S/4HANA könnte folgendermaßen aufgesetzt sein:

1. Der Nutzer steigt über den Ariba-Katalog in den Prozess ein.
2. In SAP S/4HANA wird eine Bestellanforderung erzeugt und anschließend eine Bestellung generiert.

3. Alle Tätigkeiten der Zusammenarbeit mit dem Lieferanten werden in SAP Ariba abgebildet.
4. Der Wareneingang und die anschließende Rechnungsabwicklung zum Wareneingang finden in SAP S/4HANA statt.

Dieses Beispiel soll Ihnen auch zeigen, dass SAP S/4HANA flexibel und bestens gerüstet ist, um in unserer schnelllebigen Zeit mit verschiedenen Softwarelösungen zu kollaborieren. Zudem gewährleistet es mit Realtime und dynamischer Planung jederzeit aktuelle Einblicke, Reports und Analysen.

2.1 Organisationsebenen

Die Organisationsebenen zeigen Ihnen, wie ein Unternehmen in den verschiedenen Bereichen (z. B. Finanzbuchhaltung, Einkauf, Bestandsführung, Produktion und Lagerverwaltung) gegliedert ist. Dazu müssen Sie vorher die notwendigen Organisationseinheiten definieren.

2.1.1 Organisationseinheiten

Im SAP-System wird die Unternehmensstruktur immer mithilfe von *Organisationseinheiten* (Org.einheiten) abgebildet. Diese entsprechen den rechtlichen und organisatorischen Einheiten einer Firma.

Die erforderlichen Organisationseinheiten definieren Sie im *Customizing* (Systemeinstellungen) der Unternehmensstruktur und ordnen diese Einheiten anschließend den jeweiligen Bezugselementen zu. Sehen Sie dazu überblicksweise in Abbildung 2.2, wie im System der SAP CUSTOMIZING EINFÜHRUNGSLEITFADEN (engl.: Implementation Guide, *IMG*) aufgebaut ist. Sie gelangen mit der Transaktion *SPRO* (gab es schon in den alten SAP-Systemen R/2, R/3 und ERP) zu diesen Einstellungen.

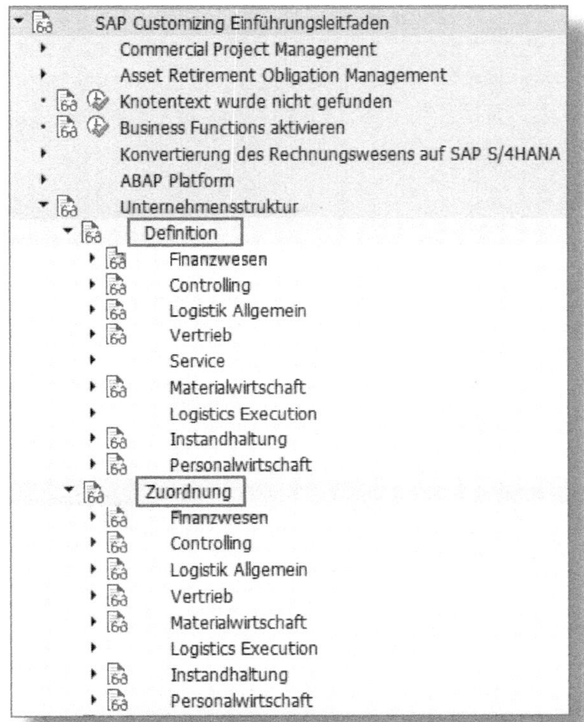

Abbildung 2.2: SAP Customizing Einführungsleitfaden

Im Folgenden beschreibe ich die Org.einheiten für die Bereiche *Bestandsführung* und *Einkauf* – in der UNTERNEHMENSSTRUKTUR unter DEFINITION (gerahmt), LOGISTIK ALLGEMEIN und MATERIALWIRTSCHAFT zu finden. Diese Org.einheiten setzen voraus, dass der »Mandant« bei der Systemerstellung aufgesetzt und der »Buchungskreis« vom *Finanzwesen* definiert worden sind.

Mandant

Der *Mandant*, die höchste Hierarchieebene in einem SAP-System, ist rechtlich und organisatorisch als eine abgeschlossene Einheit zu sehen. In der Praxis könnten Sie damit z. B. einen Konzern abbilden.

Aus technischer Sicht besteht zwischen verschiedenen Mandanten eine klare Trennung der Stammsätze (z. B. Lieferanten, Material, Lokationen) und der eigenständigen Tabellensätze (z. B. Bewegungsdaten wie Bestellanforderungen, Bestellungen, Lieferavis, Wareneingänge, Zahlungen, Finanzbuchungen).

Buchungskreis

Der *Buchungskreis* ist für das Rechnungswesen die kleinste organisatorische Einheit mit einer vollständigen, in sich abgeschlossenen Buchhaltung.

Der Buchungskreis repräsentiert eine selbstständig bilanzierende Einheit, beispielsweise eine Firma oder eine Firmengruppe in einem Konzern. Somit können Sie innerhalb eines Mandanten mehrere Buchungskreise einrichten, für die jeweils voneinander unabhängige Konten geführt werden.

In SAP S/4HANA wird der Buchungskreis über einen vierstelligen alphanumerischen Schlüssel und einem dazugehörenden Text definiert (z. B. 0001, »SAP SE«).

Werk

Das *Werk* ist eine organisatorische Einheit, die ein Unternehmen aus Sicht der Logistikbereiche zusammenfasst (z. B. Bedarfsplanung, Beschaffung, Bestandsführung, Produktion und Instandhaltung).

Ein Werk kann innerhalb einer Firma in verschiedenen Formen agieren, etwa als Firmenhauptsitz, Produktionsstätte, Vertriebsniederlassung oder Logistikzentrum.

In SAP S/4HANA wird das Werk mit einem vierstelligen alphanumerischen Schlüssel und einem dazugehörenden Text definiert (z. B. 0001, »Walldorf«).

Lagerort

Mit dem *Lagerort* unterscheiden Sie verschiedene Materialbestände innerhalb eines Werks, beschreiben jedoch keine physische Adresse. Die mengenmäßige Bestandsführung für ein Werk erfolgt immer auf Lagerortebene. Auf dieser Ebene führen Sie auch die Inventur durch.

In SAP S/4HANA wird der Lagerort über einen vierstelligen alphanumerischen Schlüssel und einen dazugehörenden Text definiert (z. B. 0001, »Hauptlager«). Der Schlüssel muss innerhalb eines Werks eindeutig sein.

Einkaufsorganisation

Die Einkaufsorganisation, häufig mit EkOrg abgekürzt, gliedert Ihr Unternehmen nach den Erfordernissen des Einkaufs, d. h., Sie gruppieren die Zuständigkeit von Verantwortlichen z. B. nach der Art der Materialbeschaffung, nach Dienstleistungen, bestimmten Lieferanten oder Regionen, damit die bestmöglichen Einkaufskonditionen professionell ausgehandelt werden.

In SAP S/4HANA wird die Einkaufsorganisation über einen dreistelligen alphanumerischen Schlüssel und einen dazugehörenden Text definiert (z. B. 300, »Einkäufer Rohmaterial«). Die EkOrg kann sowohl werks- als auch buchungskreisübergreifend sein.

2.1.2 Ebenen der Beschaffung

Je nach Situation ergeben sich innerhalb eines Mandanten verschiedene Zuordnungen zwischen Buchungskreis(en), Werk(en) und Einkaufsorganisation(en), zu finden in Abbildung 2.2 in den einzelnen Punkten unter ZUORDNUNG (gerahmt). Diese werden wie folgt unterteilt (siehe Abbildung 2.3):

- werksbezogene EkOrg
- werksübergreifende EkOrg

- buchungskreisübergreifende EkOrg (Verwendung für einen dezentralen, strategischen Einkauf)

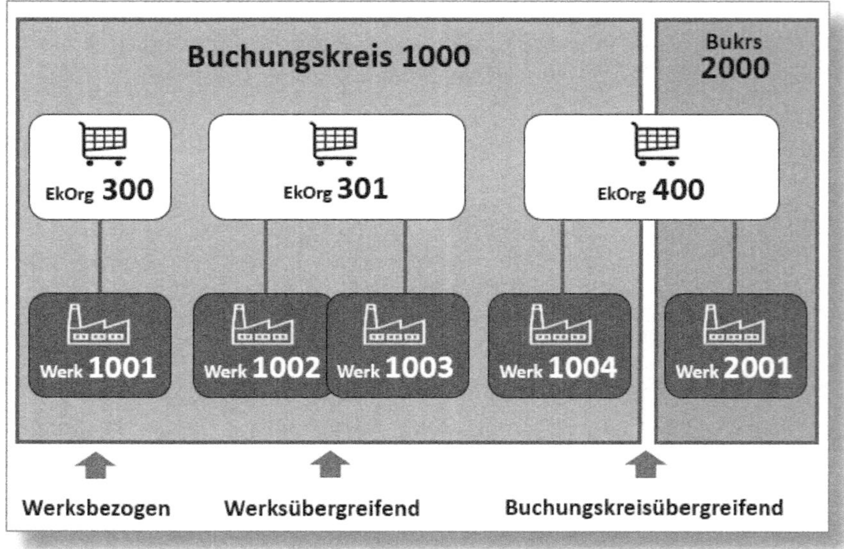

Abbildung 2.3: Einkaufsorganisation – Zuordnungen

2.1.3 Ebenen der Bestandsführung

In der Bestandsführung ordnen Sie innerhalb eines Mandanten Buchungskreis(e), Werk(e) und Lagerort(e) zu. Diese können gemäß Abbildung 2.4 dargestellt werden.

Beachten Sie dabei:

- Ein Werk kann nur **einem** Buchungskreis zugeordnet werden, d. h. nicht buchungskreisübergreifend.
- Einem Werk können Sie mehrere Lagerorte zuordnen.
- Ein Lagerort kann nur genau **einem** Werk zugeordnet werden.

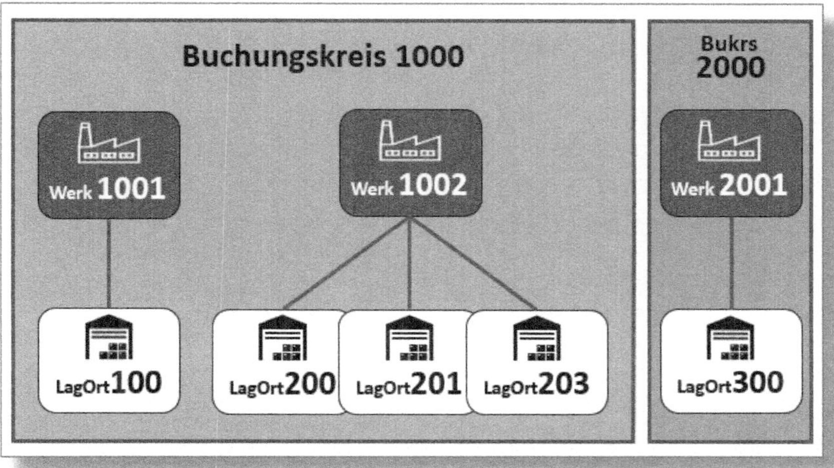

Abbildung 2.4: Bestandsführung – Zuordnungen

2.2 Stammdaten

Stammdaten sind im SAP-Umfeld ein wichtiges Thema. Von richtig gepflegten Stammdaten profitieren Sie als Anwender bei sämtlichen Geschäftsabläufen, indem für Anwendungen erforderliche Daten automatisch in den dafür vorgesehenen Feldern landen. Im Fall von fehlenden oder falschen Stammdaten werden Sie als Anwender zur manuellen Eingabe/Korrektur aufgefordert.

In diesem Buch zeige ich Ihnen einen typischen Beschaffungsprozess anhand des Beispiels einer Steuerelektronik (Zukaufteil). Hierfür benötigen Sie einen Lieferanten und Stammdaten für das Zukaufteil.

2.2.1 Geschäftspartner (Lieferant)

Kreditoren (bspw. Lieferanten) und *Debitoren* (bspw. Kunden) werden in SAP S/4HANA nicht mehr getrennt, sondern einheitlich als *Geschäftspartner (GP)* abgebildet. Das bietet Ihnen den Vorteil, mit einem gemeinsamen Schlüssel die unterschiedlichen Rollen eines Geschäftspartners übersichtlich verwalten zu können.

Die Geschäftspartnerrollen dienen den verschiedenen betriebswirtschaftlichen Vorgängen. Tabelle 2.1 zeigt die gängigsten, im SAP-Standard zur Verfügung gestellten Rollen für den Einkauf.

Schlüssel	Partnertyp	Beschreibung
LF	Lieferant	Lieferant
RE	Warenempfänger	Warenempfänger
RG	Zahlungspflichtiger	Regulierer
RS	Rechnungssteller	Rechnungssteller
SP	Spediteur	Spediteur
WE	Rechnungsempfänger	Rechnungsempfänger
WL	Warenlieferant	Warenlieferant

Tabelle 2.1: GP-Rollen im Einkauf

Beim Anlegen eines Einkaufsbelegs (z. B. Bestellung) werden die Lieferantenanschrift und die Zahlungsverkehrsdaten aus dem Lieferantenstammsatz übernommen. Das können allgemeine Daten sein, d. h. unabhängig von Organisationsebenen wie Einkauf oder Finanzbuchhaltung, oder spezifische Daten für die jeweilige Organisationseinheit. Wir konzentrieren uns im Weiteren auf allgemeine Daten und Einkaufsdaten, die für Beschaffungsprozesse erforderlich sind.

Die Stammdatenverwaltung in einem Unternehmen unterliegt genau definierten Regeln: Wer legt wann welche Daten an. Auf diese Weise wird vermieden, dass abteilungsübergreifend nicht abgestimmte Daten Geschäftsabläufe blockieren oder Auswertungen falsch dargestellt werden.

Sie können die Geschäftspartnerstammdaten entweder über die Transaktion *BP* (engl.: Business Partner) im *SAP GUI* (SAP Graphical User Interface) oder beispielsweise mit der App »Geschäftspartnerstammdaten verwalten« im SAP Fiori Launchpad ausführen. Im folgenden Abschnitt zeige ich Ihnen beispielhaft die Anlage eines Lieferantenstamms in besagter App, beginnend mit den allgemeinen Geschäftspartnerdaten. Sollte bei Ihnen der Geschäftspartner bereits für einen anderen Bereich (z. B. Vertrieb) gepflegt sein, können Sie gleich zu den Einkaufsdaten übergehen.

2.2.2 Kreditorenstamm anlegen und verwalten

Die wichtigsten Daten für Lieferanten (Kreditoren) aus Sicht des Einkaufs bis hin zum Abschluss der Rechnungsprüfung sind:

- **allgemeine Geschäftspartnerdaten**
  - Grunddaten
  - Rollen (bspw. FLVN00 für den Finanzbereich, FLVN01 für Geschäftsabläufe in der Logistik)
  - Adresse
  - adressunabhängige Kommunikation
  - Bankkonten
- **Einkaufsdaten** (bezogen auf eine Einkaufsorganisation)
  - allgemeine Daten
  - Einkaufsorganisationen
  - Partnerrollen (Lieferant, Warenlieferant, Zahlungsempfänger, Spediteur usw.)
  - Texte
  - Lieferregion
  - Anlagen
- **Buchhaltungsdaten** mit der Rechnungsprüfung (bezogen auf einen Buchungskreis)
- **Lieferantennummer** (wird auch als Kontonummer geführt bzw. bei der Anlage automatisch generiert)

Das folgende Beispiel zeigt eine Stammdatenanlage, ausgehend von einem bereits bestehenden Lieferanten, der kopiert wird, um anschließend die relevanten Felder entsprechend zu überarbeiten, zu ergänzen oder zu löschen.

Nach dem Einstieg in die App erscheint zuerst die Auswahl verschiedener Filterkriterien (siehe Abbildung 2.5).

Abbildung 2.5: GP verwalten – Einstieg

❶ Hier können Sie eine Suche nach Nummer, Name/Text und anderen wahlfreien Kriterien im Kontext des Lieferanten, auch mithilfe generischer Suchregeln, durchführen.

❷ Die ROLLE ist in der Regel *Lieferant (Logistik)*. Die *Wertetabelle* des Eingabefeldes bietet Ihnen entsprechend den in Ihrem System vorgegebenen Rollen weitere Optionen.

❸ In NACHNAME/NAME 1 suche ich im gezeigten Beispiel *generisch* mit dem Platzhalter »*« (engl.: *Wildcard*) nach allen Namen, die mit *LIEFERANT* beginnen.

Weitere Filterkriterien können Sie über den Button FILTER ANPASSEN nach Ihren Erfordernissen definieren. Beispielhaft sehen Sie in Abbildung 2.5 folgende gängige Kriterien:

BEARBEITUNGSSTATUS, ROLLE, GESCHÄFTSPARTNER, NACHNAME/NAME 1, VORNAME/NAME 2, STRASSE, ORT und LAND/REGION.

Mit einem Klick auf Start gelangen Sie zum Suchergebnis (siehe Abbildung 2.6).

In der generierten Liste der Geschäftspartner markieren Sie den gewünschten Lieferanten, der als Vorlage für den neuen Geschäftspartner dienen soll.

> **Bei Vorlagedaten bitte beachten**
>
> Beim Kopieren von Vorlagedaten gilt immer der Grundsatz: Wenn Datenfelder z. B. durch Systemeinstellungen bereits automatisch gefüllt sind, dann werden sie von den Vorlagedaten nicht überschrieben.

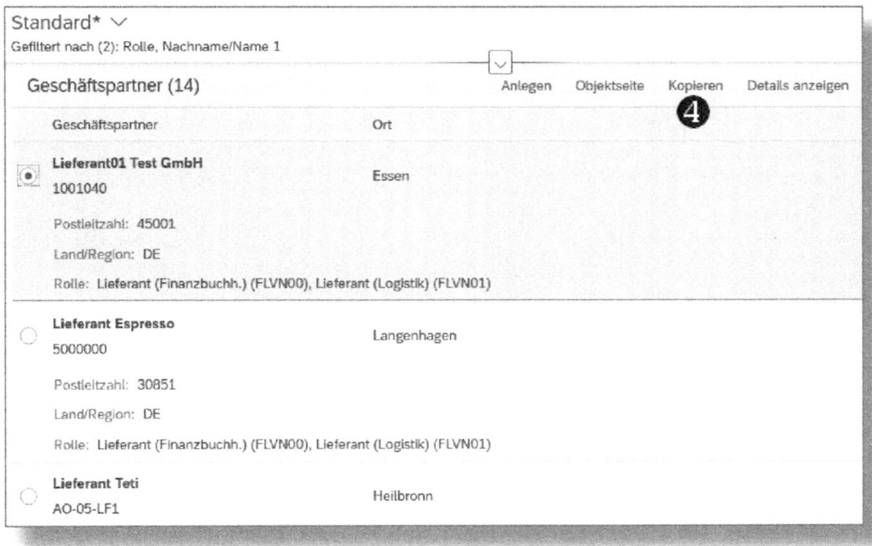

Abbildung 2.6: GP verwalten – Auswahl

Sollten Sie an dieser Stelle keine Lieferantenvorlage gefunden haben, können Sie mittels des Buttons ANLEGEN auch ohne Vorlagedaten beginnen.

❹ Mit KOPIEREN werden alle relevanten Daten für den ausgewählten Lieferanten übernommen, und Sie gelangen zur eigentlichen Stammdatenanlage.

In unserem Beispiel zeige ich nur die wichtigsten Daten für einen einfachen Standardprozess. So können Sie sich auf das Wesentliche konzentrieren.

Allgemeine Geschäftspartnerdaten

Sie starten mit der Eingabe von allgemeinen, nicht organisationsspezifischen Daten (siehe Abbildung 2.7).

Die folgende Gliederung entspricht den in der Fiori-App als Registerkarten ❷ abgebildeten Bereichen:

Register »Grunddaten«

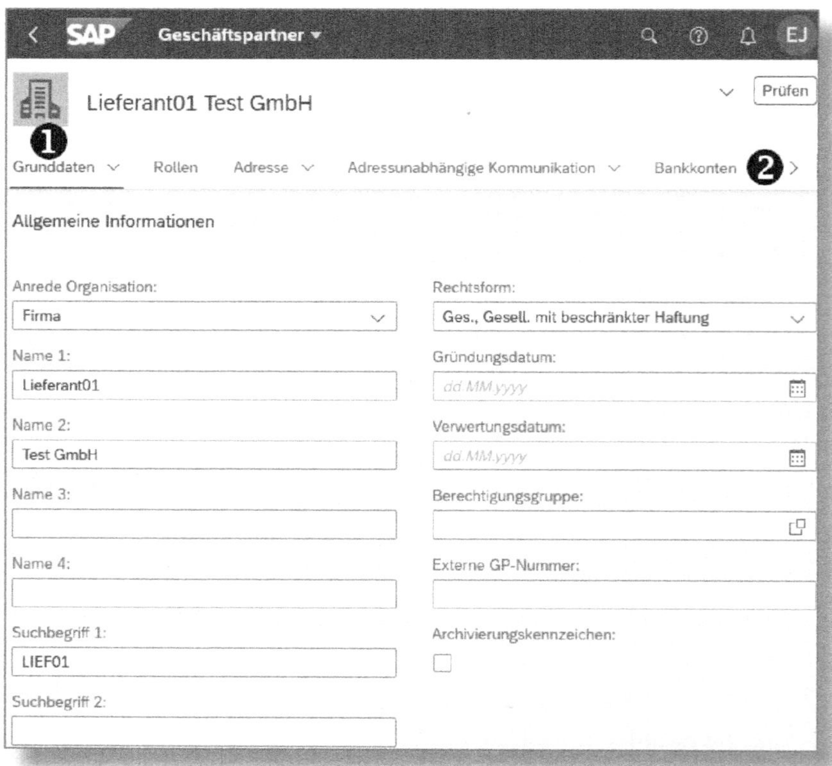

Abbildung 2.7: GP verwalten – Grunddaten

❶ Das erste Register enthält die GRUNDDATEN, also allgemeine Informationen über den Geschäftspartner. Zumindest das Feld NAME 1 ist ein Pflichtfeld.

❷ Die weiteren Registerkarten in dieser Zeile führen Sie direkt zu den zu bearbeitenden Datengruppen. Alternativ können Sie mit [⌄] (am rechten Rand) die Gesamtstruktur aller Registerkarten aufklappen, oder Sie scrollen manuell zur jeweils gewünschten Position.

Register »Rollen«

Für einfache Geschäftsprozesse in der Beschaffung brauchen Sie zwingend zwei GESCHÄFTSPARTNERROLLEN:

- *FLVN00* – für den Finanzbereich die Lieferanten-Standard-Geschäftspartnerrolle; für diese Rolle müssen Sie Buchungskreisdaten pflegen (siehe Register »Buchhaltungsdaten« am Ende dieses Abschnitts).
- *FLVN01* – für Geschäftsabläufe in der Logistik die Lieferanten-Standard-Geschäftspartnerrolle; für diese Rolle müssen Sie Einkaufsorganisationsdaten pflegen (siehe Register »Einkaufsdaten« in diesem Abschnitt).

Diese und viele weitere Rollen finden Sie mit Klick auf [⧉] in der Wertetabelle. Das Beispiel für unseren Fall sehen Sie in Abbildung 2.8.

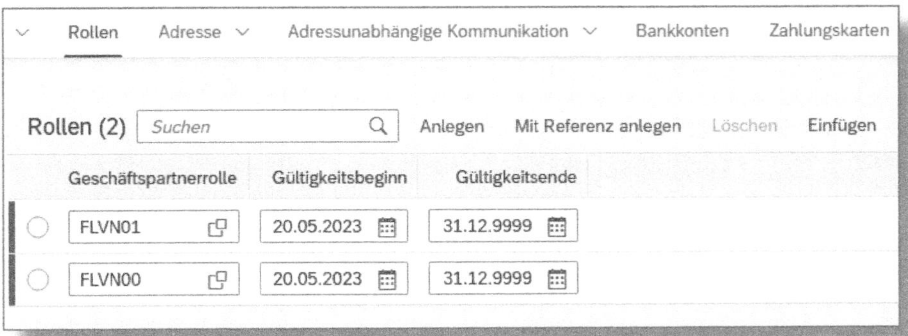

Abbildung 2.8: GP verwalten – Rollen

Register »Adresse«

In Abbildung 2.9 sehen Sie die beispielhaften Angaben für eine STANDARDADRESSE.

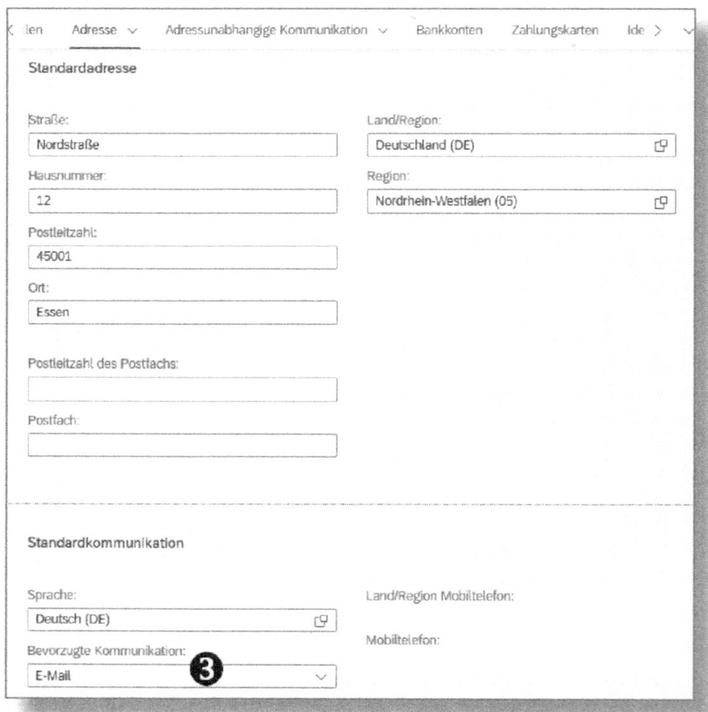

Abbildung 2.9: GP verwalten – Adresse

❸ BEVORZUGTE KOMMUNIKATION: Hier können Sie die gewünschte Kommunikationsform für den Einkauf festlegen (z. B. Drucker, E-Mail, Postsendung mit Brief, Telefon).

Register »Adressunabhängige Kommunikation«

Für den Geschäftspartner können Sie Daten wie Telefonnummern, Mobiltelefonnummern, Fax, E-Mail-Adressen und Websites je nach Bedarf pflegen. Das dient dem Einkäufer bei direkter Kontaktaufnahme, oder sie werden z. B. bei der Bestellung im Kopfteil ausgegeben.

In Abbildung 2.10 sehen Sie das Beispiel einer E-Mail-Adresse, die für automatische Versendungen von PDF-Dokumenten, beispielsweise bei Bestellungen, verwendet wird. Für diese Funktionalität müssen Sie vorher im Register ADRESSEN die BEVORZUGTE KOMMUNIKATION *E-Mail* ❸ festlegen.

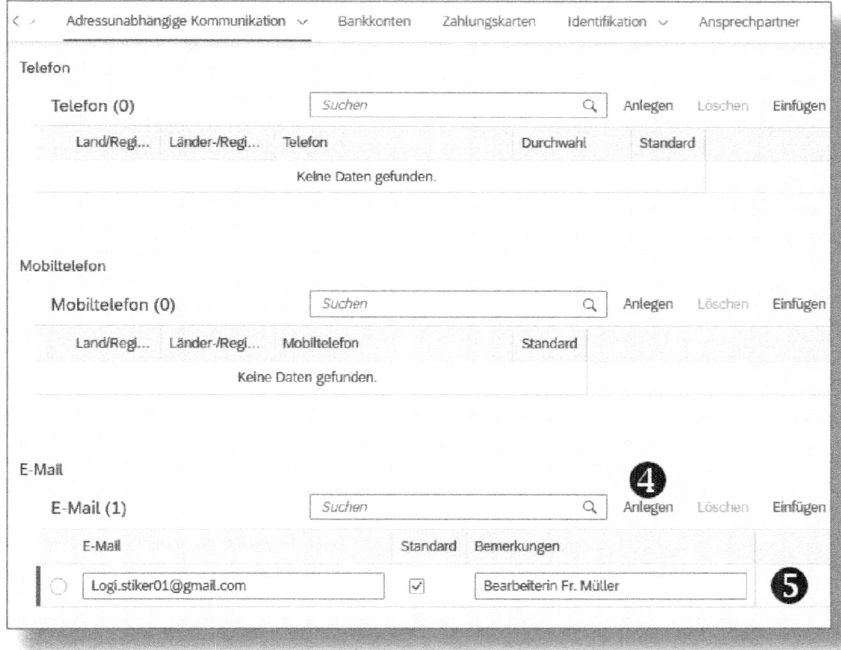

Abbildung 2.10: GP verwalten – adressunabhängige Kommunikation

Um eine E-MAIL-Adresse und optional BEMERKUNGEN (zusätzliche Informationen, z. B. bestimmte Ansprechpartner) zu erfassen, klicken Sie auf ANLEGEN ❹. Daraufhin erscheint die Eingabezeile ❺. Entsprechend gehen Sie für die Kommunikation via TELEFON und MOBILTELEFON vor.

Sollten mehrere Adressen zu einer Kommunikationsart gepflegt sein, benötigt das System für automatisierte Abläufe eine Standardadresse bzw. Telefonnummer. Hierfür aktivieren Sie das Feld STANDARD.

Register »Bankkonten«

Je nachdem, ob die Bankdaten zu diesem Zeitpunkt bereits zur Verfügung stehen, können Sie hier Eingaben vornehmen (siehe Abbildung 2.11).

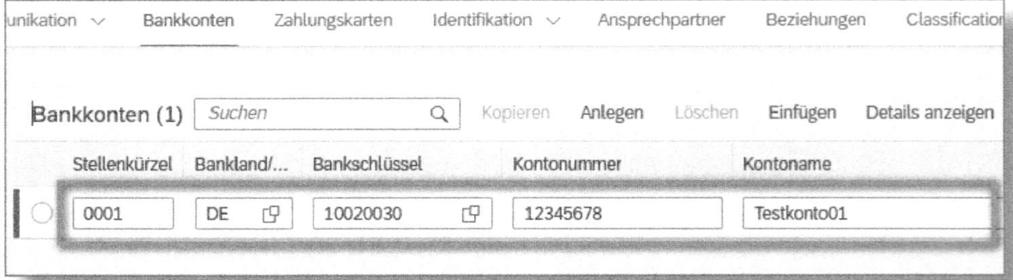

Abbildung 2.11: GP verwalten – Bankkonten

Die erforderlichen Daten sind:

- STELLENKÜRZEL: Das ist eine Bankverbindungs-ID, also ein Schlüssel, der eine Bankverbindung zu einem Geschäftspartner identifiziert.
- BANKLAND/...: Länder-/Regionenschlüssel
- BANKSCHLÜSSEL: In diesem Feld wird der Bankschlüssel angegeben, unter dem im jeweiligen Land die Bankdaten abgelegt sind.
- KONTONUMMER: Bankkontonummer des Lieferanten
- KONTONAME: Bezeichnung der Bankverbindung

Eine Empfehlung zwischendurch

Prüfen Sie die bisherigen Eingaben, indem Sie den Button Prüfen rechts oben am Bildschirm (siehe Abbildung 2.12) betätigen. Eventuelle Fehlermeldungen erscheinen in der Meldungszeile am unteren Bildschirmrand.

Vergessen Sie nicht, anschließend den Button Sichern (rechts unten, nicht im Bild) zu drücken!

Auf die Register ZAHLUNGSKARTEN und IDENTIFIKATION gehe ich nicht weiter ein.

Einkaufsdaten

Wir wollen nun die Einkaufsdaten für die Rolle *FLVN01* (Lieferant Logistik) erstellen. Hierzu gehen Sie zur Registerkarte ROLLEN und klicken auf die >-Taste (siehe Abbildung 2.12).

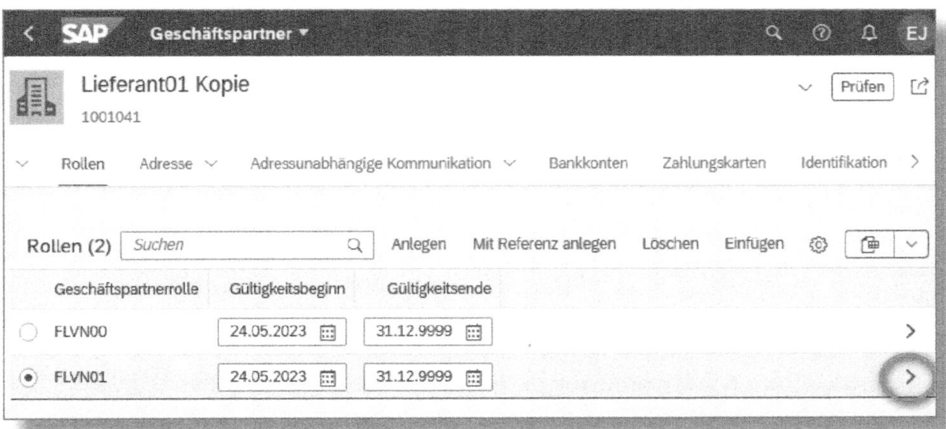

Abbildung 2.12: GP-Einkaufsdaten – Einstieg

Klicken Sie anschließend auf das Register EINKAUFSORGANISATIONEN (siehe Abbildung 2.13).

Abbildung 2.13: GP-Einkaufsdaten – Einkaufsorganisationen

Sie legen nun die Einkaufsorganisation fest, in unserem Fall nehme ich die vom Vorlagelieferanten kopierte EINKAUFSORGANISATION (EkOrg) *0001* (siehe Abbildung 2.14).

Abbildung 2.14: GP-Einkaufsdaten – EkOrg festlegen

Als Nächstes müssen Sie die EkOrg-bezogenen Daten pflegen. Dazu klicken Sie wiederum auf die [>]-Taste.

Register »Allgemeine Daten«

Die in den folgenden Registerkarten enthaltenen Daten beziehen sich immer nur auf die im vorherigen Schritt ausgewählte EkOrg »0001«.

Auch bei diesem Registerkartenmenü können Sie direkt in die verschiedenen Datengruppen verzweigen oder alternativ zu den gewünschten Abschnitten scrollen.

❶ Die EINKÄUFERGRUPPE kann eine Person oder eine Gruppe sein und ist für die folgenden beiden Hauptaufgaben zuständig:

- intern für die Beschaffung von Material aller Klassen und für Dienstleistungen sowie als
- Ansprechpartner für den Lieferanten.

❷ Die PLANLIEFERZEIT (TAGE) ist ein Berechnungsfaktor für verschiedene Anwendungen (z. B. Materialbedarfsplanung), um genaue Lieferzeiten terminieren zu können. Anmerkung: Solche Plantage können im Materialstamm punktgenauer geführt werden, da in der Regel die Lieferzeit vom Material abhängig sein kann.

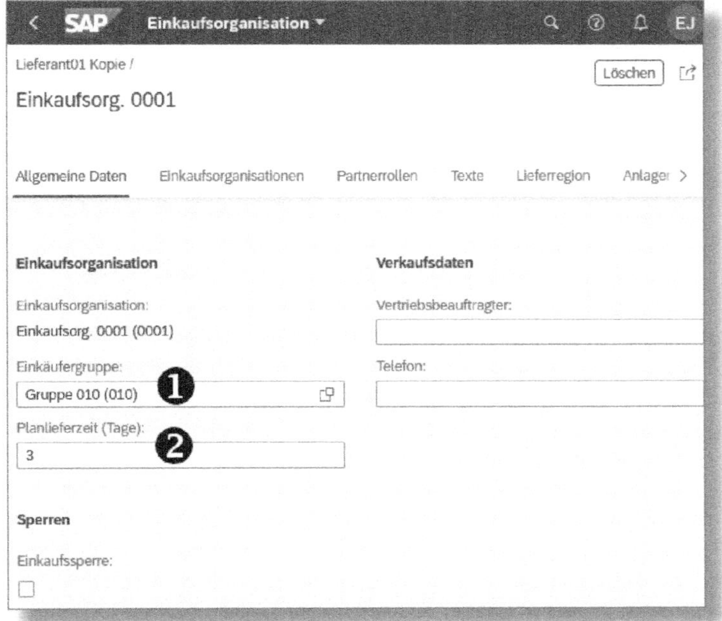

Abbildung 2.15: GP-Einkaufsdaten – Allgemeine Daten

Register »Einkaufsorganisationen«

❸ AUFTRAGSWÄHRUNG: Schlüssel der Währung, mit der Sie beim Lieferanten bestellen. Wenn Bestell- und Hauswährung unterschiedlich sind, dann wird für die Umrechnung ein im SAP-System hinterlegter Umrechnungskurs herangezogen.

❹ ZAHLUNGSBEDINGUNGEN: Hier werden Frist und Bedingungen für die Rechnung hinterlegt, z. B. »innerhalb von 14 Tagen 2 % Skonto«, d. h., die Skontovereinbarungen mit Ihrem Lieferanten fließen automatisch mit in die Konditionsrechnung ein.

❺ WARENEINGANGSBEZOGENE RECHNUNGSPRÜFUNG: Dieses Kennzeichen legt fest, dass eingehende Rechnungen gegen die zugehörigen Wareneingänge geprüft werden. Die Zahlung wird erst freigegeben, wenn Lieferung oder Leistung der Bestellung entsprechen bzw. der Lieferant die Abweichung in der Rechnung berücksichtigt hat.

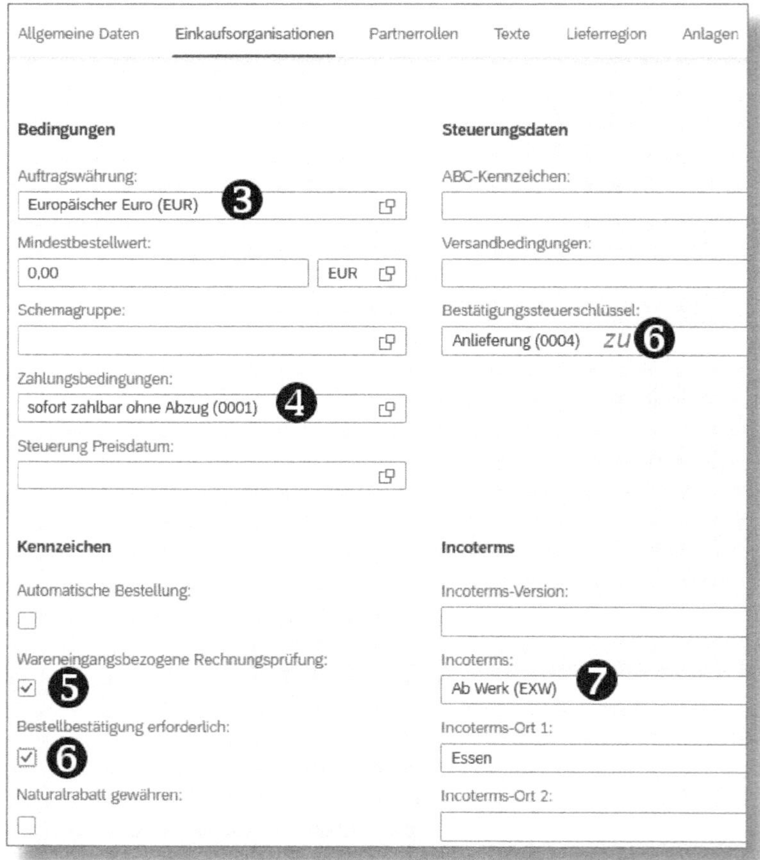

Abbildung 2.16: GP-Einkaufsdaten – Einkaufsorganisationen

❻ BESTELLBESTÄTIGUNG ERFORDERLICH: Hiermit fordern Sie vom Lieferanten eine Bestätigung ein, dass er die Bestellung empfangen hat. Zusätzlich ist diese Aktion mit einem BESTÄTIGUNGSSTEUERSCHLÜSSEL verbunden, der den Ablauf vorschreibt und ob der Lieferant bei Verzug vom System angemahnt werden soll. Zwei gängige Beispiele:

- *Bestätigungen (0001):* Eine Bestätigung wird erwartet.
- *Anlieferung (0002):* Ein sogenannter *Avis* wird vor der Lieferung erwartet.

❼ INCOTERMS: Das sind die im Handel üblichen Vertragsformeln, die den Regeln der Internationalen Handelskammer (ICC) entsprechen. Darin werden die Gefahrenübergänge bei der Anlieferung festgelegt und Versicherungskosten der Geschäftspartner (z. B. Frächter, Spedition) geregelt.

In den meisten Fällen ist im Zusammenhang mit den Incoterms eine Ortsangabe zwingend erforderlich, siehe dazu das Feld INCOTERMS-ORT 1.

Register »Partnerrollen«

Hier definieren Sie für die Geschäftspartnerrolle FLVN01 die notwendigen Partnerfunktionen. So kann z. B. zum eigentlichen *Lieferanten* zusätzlich ein *Warenlieferant* hinterlegt werden, wenn ein externer Spediteur die Ware liefert, oder ein Rechnungssteller, z. B. wenn die Verwaltungszentrale die Verrechnung ausführt.

Die kopierte PARTNERROLLE »LF« wurde als VORSCHLAGSPARTNER markiert (siehe Abbildung 2.17). Sofern mehrere Partner vorgegeben sind, müssen Sie einen davon als Vorschlagspartner festlegen. In unserem einfachen Beispiel belassen wir es bei der einen Partnerrolle *LF*.

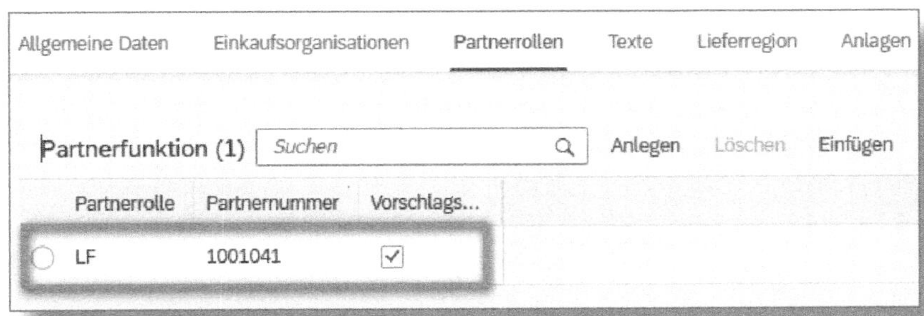

Abbildung 2.17: GP-Einkaufsdaten – Partnerrollen

Register »Texte«

Sie können im Lieferantenstammsatz Informationen für bestimmte Zwecke hinterlegen (siehe Abbildung 2.18). Diese Texte können entweder zur internen Verständigung dienen oder als Textanhang am Einkaufsbeleg auftauchen. Damit jeweils der richtige Text in den Einkaufsbeleg übernommen wird, sind für diesen Beleg (z. B. Bestellung) Kopierregeln hinterlegt. Beispiele zeige ich später bei der Anlage eines Einkaufsbelegs in Abschnitt 3.3.

Abbildung 2.18: GP-Einkaufsdaten – Texte

❶ Mit Klick auf ANLEGEN wird eine neue Textzeile geöffnet.

❷ Wählen Sie über die jeweilige Wertetabelle ⧉ SPRACHE und ID (Schlüssel für die Textart). Erfassen Sie den dazu gewünschten Text im Feld LANGTEXT. Die Bedeutung der Texte ist in den Systemeinstellungen vorkonfiguriert. Sehen Sie hier einen beispielhaften Auszug:

- ID *0001* – LANGTEXT (Einkaufsnotiz): *liefert pünktlich und 1A-Qualität*
- ID *0002* – LANGTEXT (Bestelltext): *Bitte sämtliche Positionen in einer Lieferung zusammenfassen!*

Register »Lieferregion«

Hier können Sie Ihr Werk, das von diesem Lieferanten beliefert werden soll, einer Region zuordnen. Die Regionen könnten beispielsweise in Deutschland nach Bundesländern unterteilt sein.

Sollte das System in der Bestellung eine Abweichung der Bestelladresse von der festgelegten Lieferregion bemerken, erscheint eine Warnung, und der Einkäufer muss eine Entscheidung treffen.

Register »Anlagen«

Hier lassen sich lieferantenbezogene Dokumente ablegen. Das können Vereinbarungen, Zertifikate und sonstige Dokumente sein, auf die beide Seiten Zugriff haben (siehe Abbildung 2.19).

Abbildung 2.19: GP-Einkaufsdaten – Anlagen

❸ HOCHLADEN: Über diesen Button laden Sie Dokumente aus Ihrem Portfolio hoch. Welche Dokumenttypen erlaubt sind, hängt von den Einstellungen in Ihrem System ab. In der Regel sind das gängige Formate, wie z. B. PDF, Word oder Excel.

Sichern ist wichtig!

Am Ende oder auch zwischendurch klicken Sie bitte immer mal auf eine der Tasten ÜBERNEHMEN, ANWENDEN und SICHERN (erscheinen rechts unten).

Buchhaltungsdaten

Alle Buchhaltungsdaten im Kontext des Lieferantenstamms werden auf Buchungskreisebene von der Buchhaltung gepflegt. Damit ist gleichzeitig eine klare Abgrenzung im Erstellungsablauf sowie in den Berechtigungen zwischen dem Einkauf (Rolle FLVN01) und der Buchhaltung (Rolle FLVN00) gewährleistet.

Die wesentlichen Kreditorendaten aus Sicht der Buchhaltung sind

- die Nummer des Abstimmkontos (dient zur Fortschreibung der Verbindlichkeiten pro Lieferanten),
- Informationen für Korrespondenz und Quellensteuer,
- Zahlwege für den automatischen Zahlungsverkehr.

Weitere Beschreibungen sind für den Umfang dieses beschaffungsorientierten Handbuchs nicht vorgesehen.

Weiterführende Informationen

Sollten Sie Interesse an Details zum Geschäftspartner in der Finanzbuchhaltung haben, verweise ich gerne auf folgende Titel:

- »Praxishandbuch SAP Geschäftspartner (Business Partner)« (Robin Schneider, Espresso Tutorials, 2020).
- »Intensivkurs Geschäftspartner in SAP S/4HANA« (Thomas Rexroth, 2021): *https://www.espresso-tutorials.de/produkt/intensivkurs-geschaeftspartner-in-sap-s-4hana*; für Abonnenten der SAP-Lernplattform et.training frei verfügbar.

2.2.3 Materialstamm anlegen und verwalten

Der im SAP ERP verwendete klassische Begriff »Material« wird in der neuen SAP-S/4HANA-Systemlandschaft zunehmend durch das Synonym »Produkt« ersetzt. Sie werden aber noch einige Zeit beide Termini parallel sehen und nutzen können.

Der Materialstamm ist das zentrale Stammdatenobjekt in einem Unternehmen und der wichtigste Integrationsfaktor quer durch sämtliche Abteilungen wie Einkauf, Bestandsführung, Disposition, Vertrieb, Rechnungsprüfung, Controlling usw.

Vorgehensweise für die Datenanlage im Materialstamm

Konzentrieren Sie sich bitte auf die Stammdatensichten für die allgemeinen Informationen, den Einkauf, die Werke und Buchungskreise. Wundern Sie sich später bei der Anlage nicht über zahlreiche zusätzliche Sichten (Register), um die sich andere Abteilungen kümmern, sondern bearbeiten Sie genau die nachfolgenden Themen, die ich im Weiteren detailliert beschreibe.

- **Allgemeine Informationen**
  - Grunddaten
  - Beschreibungen
  - Mengeneinheiten
- **Einkaufsdaten** (materialbezogen)
- **Werksdaten** (werksbezogen)
  - Allgemeine Daten
  - Einkauf
  - Dispodaten
- **Bewertungskreise** (bewertungskreisbezogen)
- **Einkaufstexte** (mandantenübergreifend)
  - Grunddatentext

- Einkaufstext
- Prüftext
- Interner Vermerk

Als Beispiel für unseren Beschaffungsprozess möchte ich eine Steuerelektronik auf Lager legen. Den benötigten Materialstamm kopieren wir von einem bereits vorhandenen Vorlagematerial. Wie bei den Kreditorenstammdaten zeige ich Ihnen auch für die Bearbeitung der Materialstammdaten eine App aus dem SAP Fiori Launchpad, und zwar die App »Produktstammdaten verwalten«. Wir beginnen mit der Suche des Vorlagematerials mittels PRODUKTBESCHREIBUNG und PRODUKTGRUPPE, klicken auf Start und erhalten so eine Auswahl an Materialien. In Abbildung 2.20 sehen Sie den Beginn des 32 Produkte umfassenden Suchergebnisses.

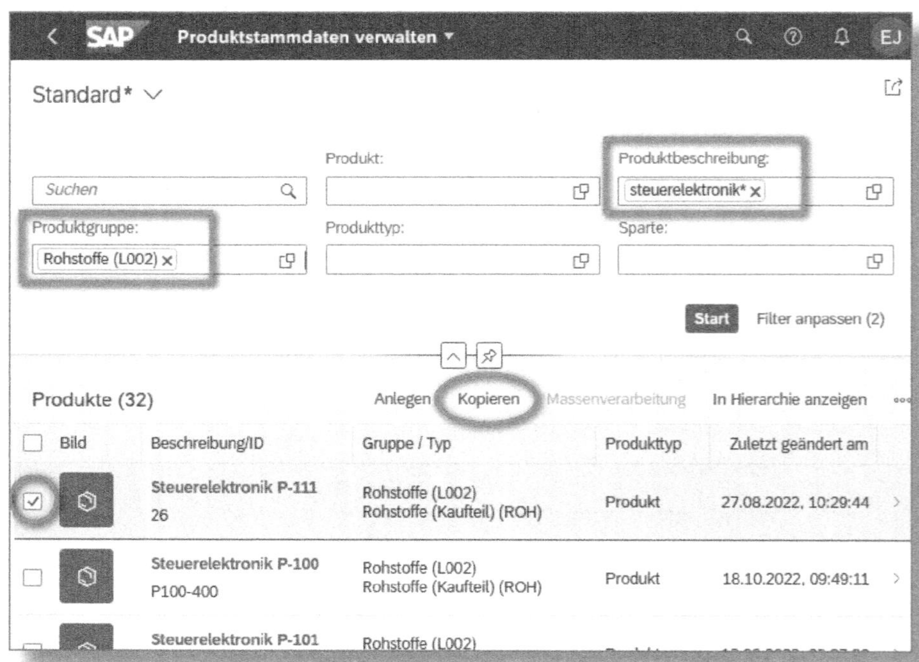

Abbildung 2.20: Produktstammdaten verwalten – Einstieg

Hier markieren Sie das gewünschte Vorlagematerial und klicken anschließend auf KOPIEREN. Zunächst erscheinen zwei Pop-ups; beim ersten müssen Sie die zu kopierenden Organisationseinheiten (z. B. Werk, Lagerort) anhaken und mit OK bestätigen, und beim zweiten Pop-up überprüfen Sie kurz die vorgeschlagenen Werte für PRODUKTTYP, PRODUKTGRUPPE und BASISMENGENEINHEIT. Wenn nötig, können Sie diese Werte später noch anpassen. Ergänzen Sie hier auch gleich die neue Beschreibung des Produkts. Mit einem nochmaligen OK gelangen Sie zum eigentlichen Einstieg in die Stammdatenanlage.

Allgemeine Informationen

Im Register ALLGEMEINE INFORMATIONEN ❶ starten Sie mit der Eingabe von nicht organisationsspezifischen Daten (siehe Abbildung 2.21). Diese Daten sind bereichsübergreifend, d. h. in unserem Fall, sie sind weder ausschließlich dem Einkauf noch der Bestandsführung zugeordnet.

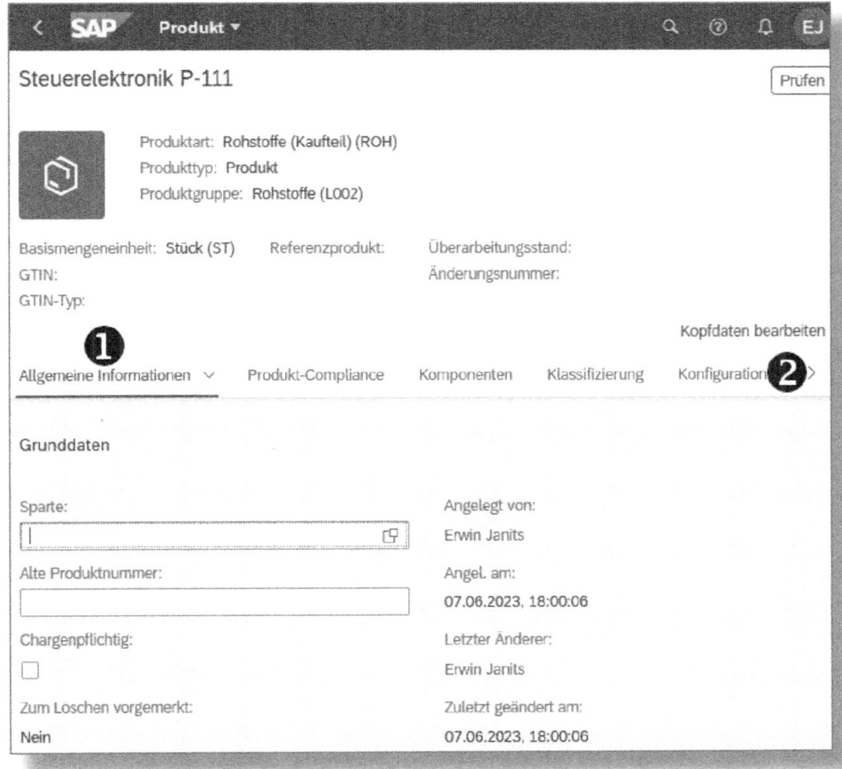

Abbildung 2.21: Materialstamm – Grunddaten

Die weitere Beschreibung folgt wieder den Unterteilungen, die in der Fiori-App als Registerkarten ❷ abgebildet sind. In dieser Zeile können Sie am rechten äußeren Rand mit Klick auf [⌄] die gesamte Struktur der Registerkarten mit den dahinterliegenden Datengruppen aufklappen und direkt zu den gewünschten Daten verzweigen. Alternativ gelangen Sie dorthin, indem Sie nach unten scrollen.

Bei den Beschreibungen gehe ich nur auf häufig verwendete Felder ein.

Abschnitt »Grunddaten«

Die SPARTE können Sie für die Gruppierung von Materialien, Produkten und Dienstleistungen einsetzen. Das System kann mittels der Sparte dieses Material/diese Dienstleistung einem Geschäftsbereich zuordnen. Solche Gruppierungen verschaffen z. B. dem Einkäufer eine Übersicht über die Bestellabwicklung.

Wenn von einem Vorsystem die alten Materialnummern übernommen wurden, können Sie über das Feld ALTE PRODUKTNUMMER im jetzigen System danach suchen.

Abschnitt »Beschreibungen«

Die kopierte Produktbeschreibung (siehe Abbildung 2.20) habe ich mit dem Text *Kopie* erweitert, das wurde im Kopf dieser Ansicht sofort übernommen (siehe Abbildung 2.22).

Beschreibungstexte können Sie in beliebig vielen Sprachen anlegen. In diesem Beispiel wird das Material in Deutsch (DE) und in Englisch (EN) geführt.

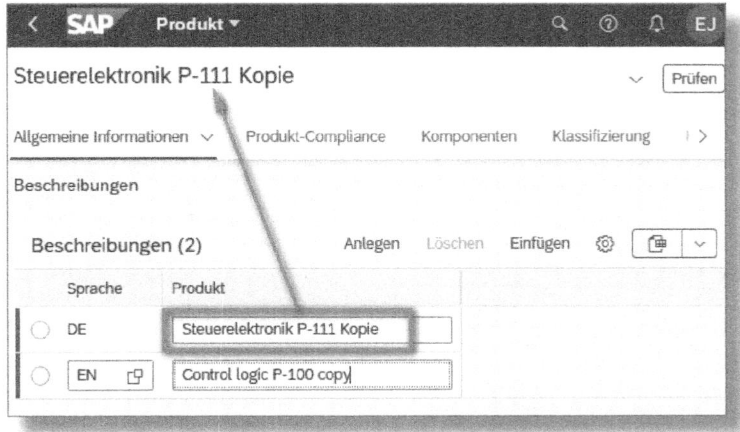

Abbildung 2.22: Materialstamm – Beschreibungen

Abschnitt »Mengeneinheiten«

In diesem Beispiel sehen Sie die BASISMENGENEINHEIT *ST* (Stück) und eine zusätzliche MENGENEINHEIT *KAR* (Karton) mit der EINHEITENUMRECHNUNG von 1 KAR auf 10 ST (siehe Abbildung 2.23).

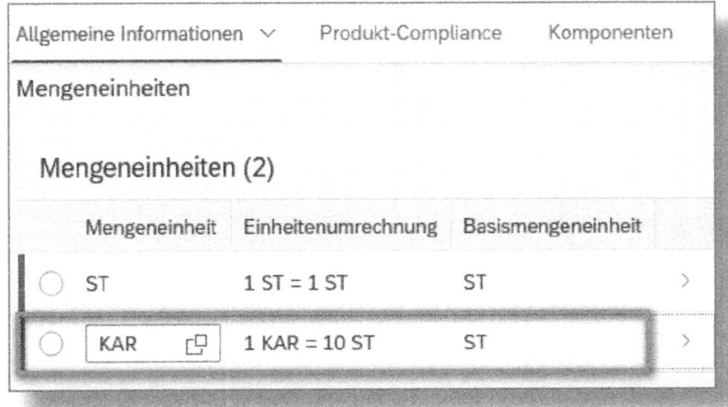

Abbildung 2.23: Materialstamm – Mengeneinheiten

Die *Basismengeneinheit* dient den verschiedenen Abteilungen als Ausgangspunkt für die Umrechnung in spezifisch benötigte Mengen. Hier führt z. B der Einkauf diese Ware in Kartons zu zehn Stück, da der Lieferant diese Verpackungsform wegen der Mindestbestellmenge so vorgibt. Die Kartons werden nach dem Wareneingang geöffnet und die Ware in Einzelstücken im Lager abgelegt.

Einkaufsdaten

Die Registerkarte EINKAUF ist auf unseren vorigen Abbildungen (siehe Abbildung 2.21 bis Abbildung 2.23) nicht sichtbar, da die Registerleiste zu breit ist. In solchen Fällen können Sie, wie bereits zuvor beschrieben, mit [⌄] (am rechten Rand) die Gesamtstruktur aller Registerkarten aufklappen und den Einkauf auswählen.

Die *Einkaufsorganisation* wird vorab in den Systemeinstellungen bestimmt und dem Werk zugeordnet. Wichtige **materialbezogene Daten** für den Einkauf finden Sie in Abbildung 2.24.

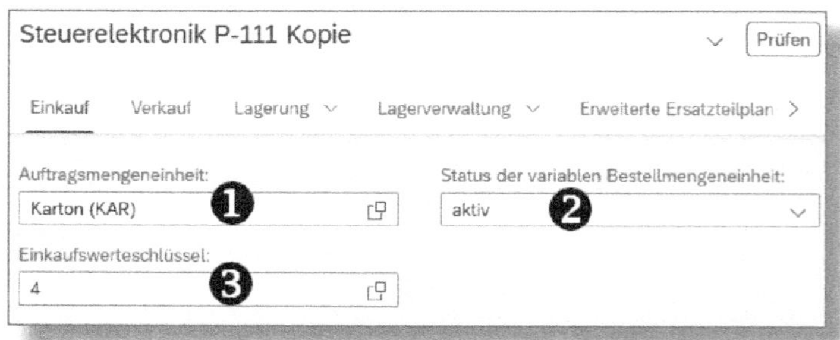

Abbildung 2.24: Materialstamm – Einkaufsdaten

❶ AUFTRAGSMENGENEINHEIT: Dies ist die Mengeneinheit, in der das Material bestellt wird.

❷ STATUS DER VARIABLEN BESTELLMENGENEINHEIT: Wenn Sie dieses Kennzeichen auf *aktiv* setzen, können Sie in weiterer Folge in der Bestellung eine vom *Einkaufsinfosatz* (siehe Abschnitt 2.3.1) abweichende Bestellmengeneinheit angeben.

❸ EINKAUFSWERTESCHLÜSSEL: Mit diesem Schlüssel wählen Sie die vom Einkauf für dieses Material festlegten Vorgaben für die folgenden Funktionen (mit einem Klick auf die Wertehilfe ⧉ sichtbar):

- Mahntage: Sie bestimmen die überfälligen Tage der Lieferung mit drei Mahnstufen, z. B. 10, 20, 30 Tage.
- Toleranzgrenzen: Sie legen einen Prozentsatz für eine Unterlieferung und für eine Überlieferung fest, z. B. jeweils fünf Prozent.
- Versandvorschriften: Hier geben Sie nach einem definierten Schlüssel die verschiedenen Versandvorschriften ein; damit wird der Lieferant beim Wareneingang nach einem Punktesystem eingestuft.
- Auftragsbestätigungspflicht: Damit legen Sie fest, ob vom Lieferanten für den Erhalt des Einkaufsbelegs (Bestellung, Kontrakt usw.) eine Eingangsbestätigung gefordert wird.

Werksdaten

Wählen Sie in der Gesamtstruktur der Registerkartenleiste die Registerkarte WERKE. Hier werden wir nun die **werksbezogenen Daten** für den Einkauf, die Disposition und den Lagerort erstellen (siehe Abbildung 2.25).

Abbildung 2.25: Materialstamm – Werke

Das WERK *1010* mit dem DISPOMERKMAL *VB* (verbrauchsgesteuerte Disposition) und dem DISPONENTEN *001* haben wir anfangs durch das Kopieren des Materialstamms übernommen. Falls Sie Änderungen vornehmen wollen, können Sie Daten aus der Wertetabelle [⧉] übernehmen oder die vorgegebenen Werte einfach überschreiben.

Über das Register ANLEGEN können Sie bei Bedarf weitere Werke hinzufügen und pflegen.

Mit Klick auf die [>]-Taste gelangen Sie dann zur Bearbeitung der werksbezogenen Materialstammdaten.

Register »Allgemeine Informationen«

Zuerst sehen Sie in der Registerkarte ALLGEMEINE INFORMATIONEN den Abschnitt ALLGEMEINEN DATEN für unser *Werk 1* (siehe Abbildung 2.26).

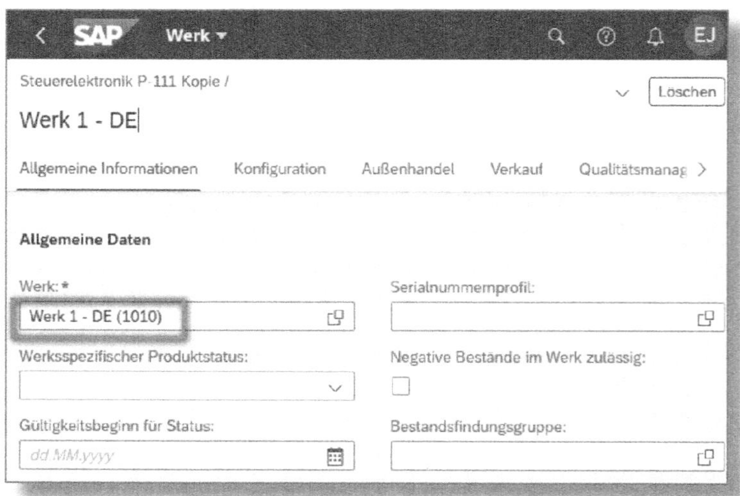

Abbildung 2.26: Materialstamm Werk – Allgemeine Daten

Der Abschnitt ALLGEMEINE DATEN stellt uns bei der Anlage nur Informationen bereit, weitere Eingaben sind für spezielle Prozessabläufe (z. B. Serialnummern oder Haltbarkeitsdatum) vorgesehen.

Register »Einkauf«

Zu den **werksbezogenen** Daten für den Einkauf, wie in Abbildung 2.27 zu sehen, gelangen Sie über die Registerkarte Einkauf.

❶ Die Einkäufergruppe wird sich zumeist von der werksübergreifenden Gruppe der Einkäufer unterscheiden; in einem international agierenden Unternehmen mit vielen Werken ist dies der Normalfall.

❷ Das Kennzeichen Automatisch erzeugte Bestellung zulässig legt fest, ob bei automatisierten Abläufen eine *Bestellanforderung* automatisch in eine *Bestellung* umgesetzt werden darf.

❸ Mit dem Kennzeichen Orderbuchpflichtig bestimmen Sie, dass für dieses Material und dieses Werk ein *Orderbuch* (siehe Abschnitt 7.1) gepflegt sein muss, da das Material sonst nicht beschafft werden kann.

❹ Das Steuerkennzeichen wird in Abschnitt 3.4 in den Bestellpositionen unter dem Register »Steuer« beschrieben.

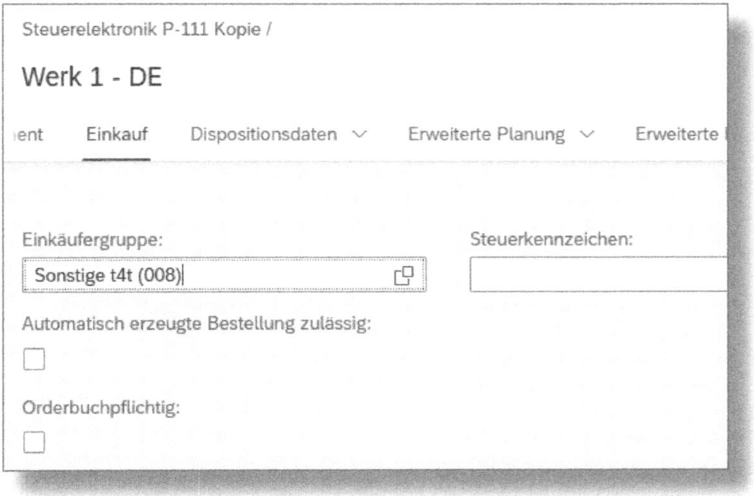

Abbildung 2.27: Materialstamm Werk – Einkauf

Register »Dispositionsdaten«

Die Dispositionsdaten sind etwas umfangreicher und folgendermaßen unterteilt:

- Dispositionsdaten
- Losgrößendaten und Nettobedarfsrechnung
- Beschaffung

Ich möchte hier die wesentlichen Daten für einen Regelfall der Beschaffung eines Rohstoffmaterials vorstellen.

Der erste Teil der DISPOSITIONSDATEN legt folgende Parameter fest (siehe Abbildung 2.28).

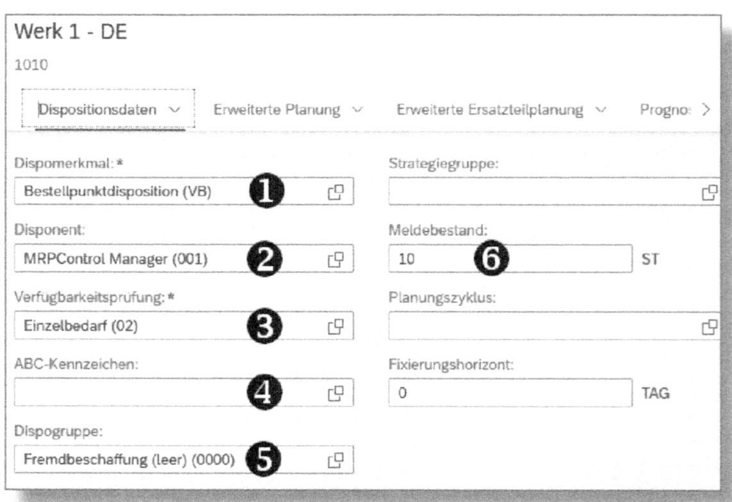

Abbildung 2.28: Materialstamm Werk – Dispositionsdaten

❶ Das DISPOMERKMAL unterscheidet eine Reihe von Dispositionsverfahren. Einige Beispiele sind:

- *Keine Planung (ND):* Es wird manuell nach Einschätzung des Verantwortlichen bestellt.

- *Exakte Losgrößen (EX):* Das System ermittelt die Differenz zwischen Bestand und MELDEBESTAND ❻.
- *Bestellpunktdisposition (VB):* Das System reagiert bei Unterschreitung des Meldebestands; der Meldebestand wird manuell gewartet.
- *Maschinelle Bestellpunktdisposition (VM):* Dies ist ein spezielles Verfahren im Rahmen der verbrauchsgesteuerten Disposition. Das System errechnet aus vorgegebenen Parametern die Beschaffungsmenge mittels *Nettobedarfsrechnung* (Ermittlung der ungedeckten Produktbedarfe), schreibt den Meldebestand automatisch fort und disponiert.

❷ Der DISPONENT ist der Verantwortliche für die Beschaffung dieses Materials, zahlreiche Auswertungen und Benachrichtigungen unterstützen ihn dabei.

❸ Die VERFÜGBARKEITSPRÜFUNG errechnet in einem vorgegebenen Zeitrahmen, ob unter Berücksichtigung der Lieferkette genügend Material zum gewünschten Zeitpunkt zur Verfügung steht. Gängige Verfahren sind:

- *Tagesbedarf (01):* Die Bedarfsmengen werden zusammengefasst.
- *Einzelbedarf (02):* Er entspricht der Bedarfsmenge je Auftragsposition.
- *Keine Prüfung (KP):* Mit diesem Merkmal erfolgt keine weitere Überprüfung.

❹ Mit dem ABC-KENNZEICHEN klassifizieren Sie das Material nach der gängigen ABC-Analyse. Sie können es in verschiedenen Verfahren einsetzen, häufig etwa bei der Inventur.

❺ Über die DISPOGRUPPE ordnen Sie der Dispoplanung spezielle Steuerungsparameter (z. B. Strategiegruppe, Verrechnungsmodus, Planungshorizont) zu. Beispiele für Dispogruppen sind:

- *Fremdbeschaffung (0000)* – kann auch leer gelassen werden
- *Eigenfertigung ohne Primärbedarfe (0001)*

- *Eigenfertigung mit Planprimärbedarfen (0002)*
- *Lagerfertigung (0010)*

❻ Der MELDEBESTAND ist die Menge, bei deren Unterschreitung das System eine Planungsvormerkung für die Disposition setzt. Der Meldebestand ist nur bei der Bestellpunktdisposition relevant.

Wenn Sie nun weiter nach unten scrollen, kommen Sie zu den LOSGRÖSSENDATEN. Sie hängen mit der NETTOBEDARFSRECHNUNG zusammen (siehe Abbildung 2.29).

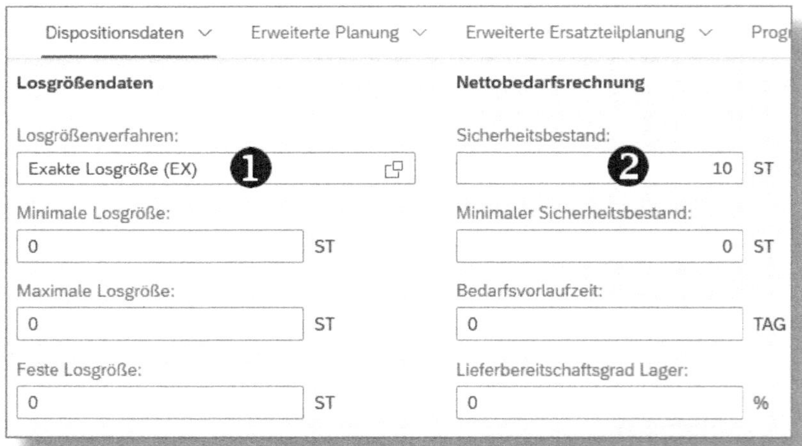

Abbildung 2.29: Materialstamm Werk – Losgrößendaten

❶ Über das LOSGRÖSSENVERFAHREN errechnet das System die zu beschaffende oder zu fertigende Menge im Rahmen der Disposition. Einige wichtige Beispiele sind:

- *Exakte Losgröße mit Splittung (ES)*
- *Exakte Losgröße (EX)*
- *Fixieren und splitten (FS)*
- *Feste Bestellmenge (FX)*
- *Tageslosgröße (TB)*

❷ Der SICHERHEITSBESTAND hat für die manuelle Bestelldisposition keine Relevanz, sondern nur für die maschinelle Disposition.

Die weiteren zahlreichen Parameter für Losgrößen und die Nettobedarfsrechnung werden für spezielle Prozessabläufe, die nicht im Kontext der Beschaffung stehen, verwendet.

Ganz unten auf der Seite kommen Sie zum letzten Teil der Dispositionsdaten, die die Beschaffungsanforderungen (BESCHAFFUNG) abdecken (siehe Abbildung 2.30).

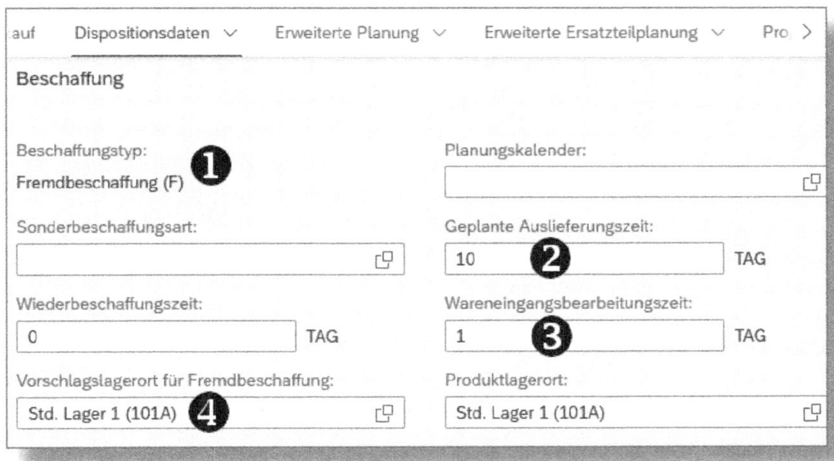

Abbildung 2.30: Materialstamm Werk – Beschaffung

❶ Der BESCHAFFUNGSTYP wird durch die *Materialart* festgelegt. Diese wird in den Kopfdaten hinterlegt (siehe Abbildung 2.21) und ist in diesem Beispiel die Produktart ROHSTOFFE (KAUFTEIL) (ROH).

❷ Die GEPLANTE AUSLIEFERUNGSZEIT ist die Anzahl von Kalendertagen, die für eine Fremdbeschaffung von einem Lieferanten erforderlich ist (siehe Abbildung 2.30). Sollten mehrere Lieferanten für dieses Material zuständig sein, können Sie einen mittleren Wert von Tagen angeben.

❸ Mit der WARENEINGANGSBEARBEITUNGSZEIT geben Sie die Anzahl der Arbeitstage an, die ab dem Abladen im Wareneingangsbereich über die notwendigen Prüfungen der Ware bis zur Einlagerung in den VORSCHLAGSLAGERORT FÜR FREMDBESCHAFFUNG ❹ benötigt werden.

Bewertungskreise

Die Registerkarte BEWERTUNGSKREISE befindet sich in der Registerleiste oder ist mit Klick auf [⌄] (am rechten Rand) in der aufgeklappten Gesamtstruktur erreichbar. Hier finden Sie alle **bewertungskreisbezogenen Daten**, das betrifft vor allem den Preis für dieses Material.

> **! Vom Einkauf zu beachten!**
>
> Auf der Einkaufsseite ist unbedingt zu überprüfen, ob diese Daten von der Buchhaltung bereits gepflegt wurden, sonst laufen Sie beim Anlegen der Bestellung auf einen Fehler.

Die wichtigsten Daten sehen Sie in Abbildung 2.31.

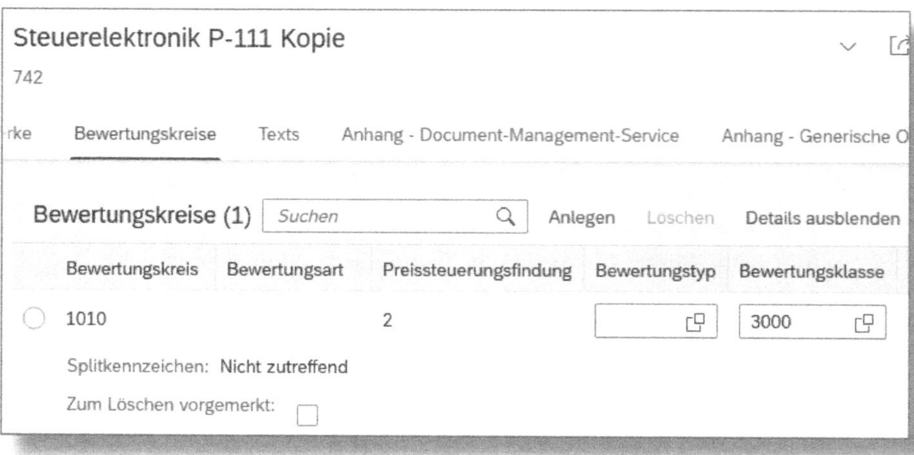

Abbildung 2.31: Materialstamm – Bewertungskreise

Der BEWERTUNGSKREIS *1010* wird bei den Systemeinstellungen auf der Basis „Werk" festgelegt, kann aber auch einem Buchungskreis zugeordnet werden. Die Einstellung auf Werksebene ist erforderlich, wenn Anwendungen wie *Produktionsplanung* oder *Kalkulation* verwendet werden. Ein SAP-Retail-System erfordert ebenfalls die Bewertung auf Werksebene.

Mit dem BEWERTUNGSTYP steuern Sie, ob das Material einheitlich oder getrennt (z. B. nach Herkunft, Qualität, Zustand) bewertet werden soll.

Die BEWERTUNGSART ist eine Ausprägung für den Bewertungstyp. So wird beispielsweise der Bewertungstyp »Herkunft« mit den Bewertungsarten »Deutschland« und »Österreich« konkretisiert.

Die PREISSTEUERUNGSFINDUNG »2« (Standard bei Fremdbeschaffungen) wird für eine gleitende Durchschnittspreisberechnung herangezogen. Für die Preissteuerung von Eigenproduktionen wird in der Regel ein Standardpreis durch den Schlüssel »S« hinterlegt.

Mithilfe der BEWERTUNGSKLASSE steuern Sie, welche Materialart auf welches Sachkonto gebucht werden soll.

Einkaufstexte

In der Registerkarte TEXTS können Sie verschiedene Texte pflegen. Diese sind auf die Mandantenebene, d. h. nicht auf ein Werk oder einen Lagerort bezogen. Wie bei SAP üblich, können Sie fast alle Sprachen verwenden.

Nachfolgend sehen Sie die möglichen Textarten:

- *Grunddatentext:* Mit diesem Text lassen sich beispielsweise allgemeine Zusatzinformationen zum Material speichern, die Sie sonst in keinem Feld ablegen könnten, z. B. Anwendungshinweise.

- *Einkaufstext:* Dieser Text wird in der Regel bei der Bestellung angedruckt, um dem Lieferanten bestimmte Vorschriften oder sonstige Informationen zu übermitteln.
- *Prüftext:* Dieser Text kann auf Formularen angedruckt werden, z. B. beim Wareneingang, um Vorschriften anzuzeigen und wie bei der Qualitätsprüfung vorzugehen ist.
- *Interner Vermerk:* Dieser Text ist nur für interne Informationszwecke (Hinweise auf Besonderheiten des Materials) vorgesehen und wird nicht an Lieferanten oder Kunden weitergegeben.

Auch hier wieder der Hinweis: Vergessen Sie nicht das Sichern (Button rechts unten)!

2.3 Bezugsquellen und Konditionen

Der Beschaffungsprozess beginnt in der Regel mit einer **Bestellanforderung**. Diese wird vom Einkauf in eine **Bestellung** umgewandelt. Das System versucht für jede Bestellposition eine Bezugsquelle zu finden, d. h., welcher Lieferant dieses Material zu den günstigsten Konditionen liefern kann. Je nach Situation könnte der Lieferant natürlich auch die Produktion in der eigenen Firma sein.

In diesem Kapitel stelle ich Ihnen die in SAP S/4HANA für die Bereitstellung der Bezugsquellen vorgesehenen Quellen und Konditionen vor.

2.3.1 Infosätze

Der *Einkaufsinformationssatz* (kurz: Infosatz) gehört zu den Stammdaten des Einkaufs, passt aber im Kontext sehr gut zum Kapitel der Bezugsquellen wie *Kontrakte* und *Lieferpläne*.

Die wichtigste Information des Infosatzes ist die Verbindung des Materials oder der Warengruppe zum entsprechenden Lieferanten.

Der Infosatz wird hauptsächlich im Zuge der Anlage einer Bestellung verwendet. Dabei werden die benötigten Vorschlagswerte vom System in die zugehörigen Belegfelder übernommen. Falls noch kein Infosatz angelegt ist, kann er im Rahmen der Pflege der Einkaufsbelege (Bestellung, Rahmenvertrag, Angebot) auch automatisch erstellt oder aktualisiert werden, indem die eingegebenen Positionsdaten in den neuen Infosatz übernommen werden.

Sie finden im Einkaufsinfosatz auf Mandantenebene die allgemeinen Daten, alle anderen sind einkaufsorganisationsspezifisch. Diese EkOrg-spezifischen Daten können Sie bei Bedarf auch auf Werksebene konfigurieren.

Die Abschnitte (Registerkarten) sind wie folgt:

- KOPFDATEN
- ALLGEMEINE INFORMATIONEN
- EINKAUFSDATEN
- LIEFERUNG UND MENGE
- KONDITIONEN
- REFERENZ

Die App im SAP Fiori Launchpad lautet »Einkaufsinfosätze verwalten« und ist ähnlich zu bedienen wie die bereits vorgestellten Verwaltungs-Apps für Kreditoren und Material. Nach dem Einstieg klicken Sie sofort auf Anlegen und gelangen in den Abschnitt KOPFDATEN (siehe Abbildung 2.32).

Kopfdaten

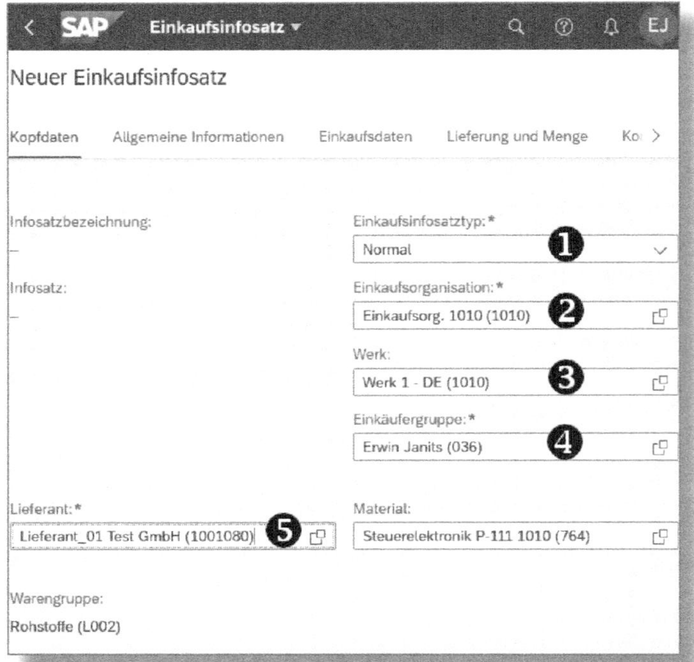

Abbildung 2.32: Infosatz – Einstieg

Mussfelder sind mit einem roten Stern gekennzeichnet.

❶ In der Regel verwenden Sie den EINKAUFSINFOSATZTYP *Normal*. Es gibt noch Typen für spezielle Prozesse wie *Konsignation*, *Lohnbearbeitung* und *Pipeline*.

❷ Ergänzen Sie Ihre EINKAUFSORGANISATION.

❸ Das WERK wird durch die EkOrg automatisch gezogen. Falls die EkOrg mehrere Werke bedient, der Infosatz aber nur für ein bestimmtes Werk gültig sein soll, dann geben Sie dieses hier ein.

❹ Die EINKÄUFERGRUPPE ist entweder eine Person oder Gruppe, die sich um die Beschaffung dieses Materials kümmert und als Ansprechpartner nach außen fungiert.

❺ Der LIEFERANT stellt aus dem Stammsatz Informationen wie Adresse und Bankverbindung bereit. Diese werden in den Einkaufsbeleg (z. B. Anfrage, Bestellung) übernommen.

> **! Infosatz für Warengruppe**
>
> Wenn Sie bei der Anlage eines Infosatzes kein MATERIAL angeben, dann bezieht sich dieser Infosatz auf die komplette WARENGRUPPE!

Allgemeine Informationen

In diesem Abschnitt können Sie Informationen hinterlegen, die dem Einkäufer bei der Beschaffung und Kommunikation mit dem Lieferanten nützlich sind (siehe Abbildung 2.33).

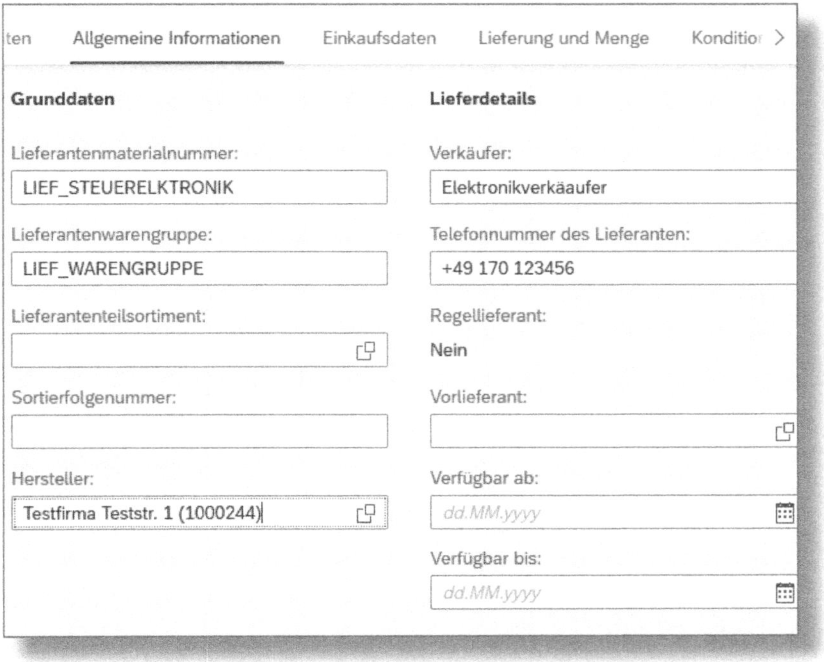

Abbildung 2.33: Infosatz – Allgemeine Informationen

In den Grunddaten befinden sich materialbezogene Informationen wie Lieferantenmaterialnummer, Lieferantenwarengruppe, Lieferantensortiment (Unterteilung der Gesamtproduktpalette des Lieferanten), Sortierfolgenummer (Reihenfolge von Bestellpositionen, wie sie der Lieferant erwartet) und Hersteller.

In den Lieferdetails sind der Verkäufer, seine Telefonnummer und, wenn im Kreditorenstamm bereits gepflegt, weitere Daten, die hierher übernommen wurden.

Zusätzlich können Sie im Bereich Erinnerung (im Bild nicht sichtbar) Mahnfrequenzen (in Tagen) eingeben, damit bei Lieferverzögerungen rechtzeitig gemahnt wird. In diesem Abschnitt gibt es außerdem ein Punktesystem, mit dem Sie die Materialien des Lieferanten unabhängig von ihrem Preis gewichten können.

Einkaufsdaten

Die Einkaufsdaten beinhalten die in Abbildung 2.34 gezeigten Merkmale.

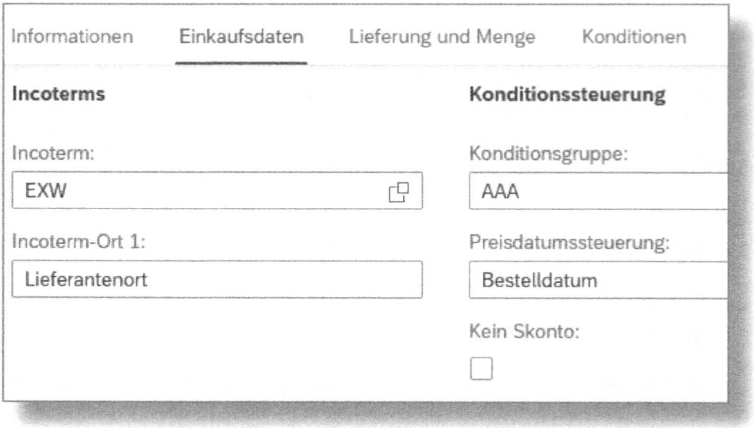

Abbildung 2.34: Infosatz – Einkaufsdaten

Auch diese Daten sind optional, aber Sie sollten sie, sofern bekannt, im System bereitstellen.

Die INCOTERMS werden aus dem Kreditorenstamm gefüllt (siehe Abbildung 2.16) und können hier nachgebessert werden.

Die KONDITIONSSTEUERUNG besteht aus der KONDITIONSGRUPPE, zu der das Material beim Lieferanten gehört, und einer PREISDATUMSSTEUERUNG mit folgenden Kennzeichen, die vorgeben, zu welchem Zeitpunkt der Preis festgesetzt wird:

» « = Keine Steuerung

»1« = Bestelldatum

»2« = Lieferdatum

»3« = Tagesdatum

»4« = Manuell

»5« = WE/Buchungsdatum

»6« = WE/Belegdatum

KEIN SKONTO haken Sie an, wenn der Lieferant kein Skonto vergibt.

Lieferung und Menge

Im nächsten Abschnitt LIEFERUNG UND MENGE sind zahlreiche Datenfelder zu pflegen, teilweise werden sie aus dem Materialstamm gezogen (siehe Abbildung 2.35).

Abschnitt »Lieferinformationen«

❶ Die LIEFERZEIT IN TAGEN (Zeit, die der Lieferant benötigt) wird aus dem Materialstamm übernommen, Sie können jedoch Anpassungen vornehmen.

❷ Sie können eine UNTER- und ÜBERLIEFERUNGSTOLERANZ IN % pflegen, innerhalb derer Sie Lieferabweichungen akzeptieren, damit der Wareneingangsprozess bei erklär- und tolerierbaren Ungenauigkeiten nicht gestoppt werden muss.

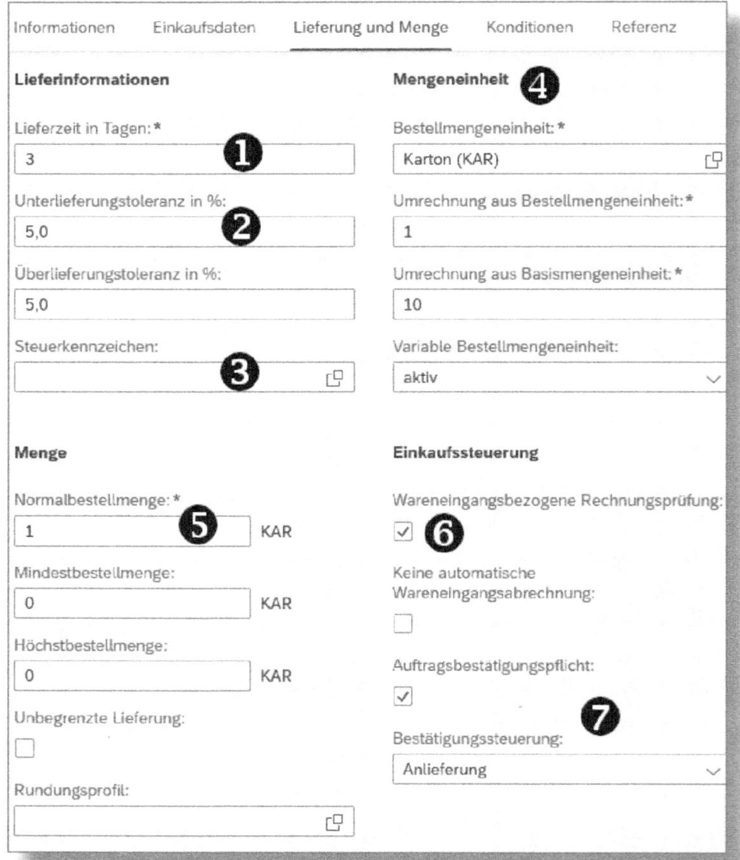

Abbildung 2.35: Infosatz – Lieferung und Menge

❸ Das STEUERKENNZEICHEN steht für eine Steuerkategorie, die bei der Steuermeldung an die Finanzbehörden zu berücksichtigen ist. In der Wertehilfe finden Sie eine Vielzahl vorkonfigurierter Schemata zur Auswahl. Es sind Steuerkennzeichen für In- und Ausland, Import und Export verfügbar, deshalb stimmen Sie sich bitte auch mit Ihrer Zollabteilung ab.

Abschnitt »Mengeneinheit«

❹ Alle Felder werden vom Materialstamm übernommen (siehe in Abschnitt 2.2.3 unter »Allgemeine Informationen« und »Einkauf«), und Sie können hier je nach Bedarf Werte anpassen.

Abschnitt »Menge«

❺ Die NORMALBESTELLMENGE ist die übliche Menge, die von diesem Material bei genau diesem Lieferanten bestellt wird. Es beeinflusst die Berechnung des Effektivpreises bei der *Lieferantenbewertung* und wird auch zur Preisermittlung bei Preis-Mengen-Staffeln herangezogen.

Abschnitt »Einkaufssteuerung«

❻ Wenn das Kennzeichen WARENEINGANGSBEZOGENE RECHNUNGSPRÜFUNG gesetzt ist, wird bei der Anlage der Bestellung für dieses Material bei diesem Lieferanten das Feld WE-BEZ. RP in der Bestellposition automatisch markiert. In weiterer Folge wird eine wareneingangsbezogene Rechnungsprüfung angestoßen.

❼ Mit der AUFTRAGSBESTÄTIGUNGSPFLICHT können Sie vom Lieferanten eine Bestätigung für den Erhalt des Einkaufsbelegs (Bestellung, Rahmenvertrag usw.) verlangen. Sie müssen dafür außerdem über die BESTÄTIGUNGSSTEUERUNG einstellen, was vom Lieferanten erwartet wird, wie z. B.

- nur eine Auftragsbestätigung oder
- eine Auftragsbestätigung und ein Lieferavis.

Konditionen

In Abschnitt KONDITIONEN klicken Sie auf Anlegen und gelangen so ins Detailbild für die Anlage (siehe Abbildung 2.36).

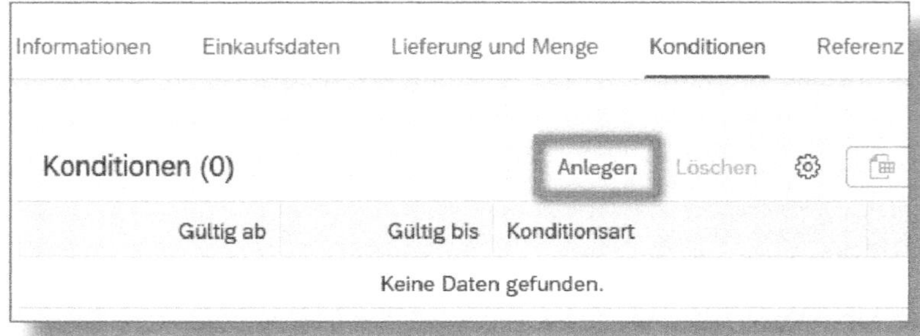

Abbildung 2.36: Infosatz – Konditionen, Einstieg

Sie legen zuerst den vom System vorgeschlagenen STANDARDBRUTTO-PREIS (PPR0) an (siehe Abbildung 2.37).

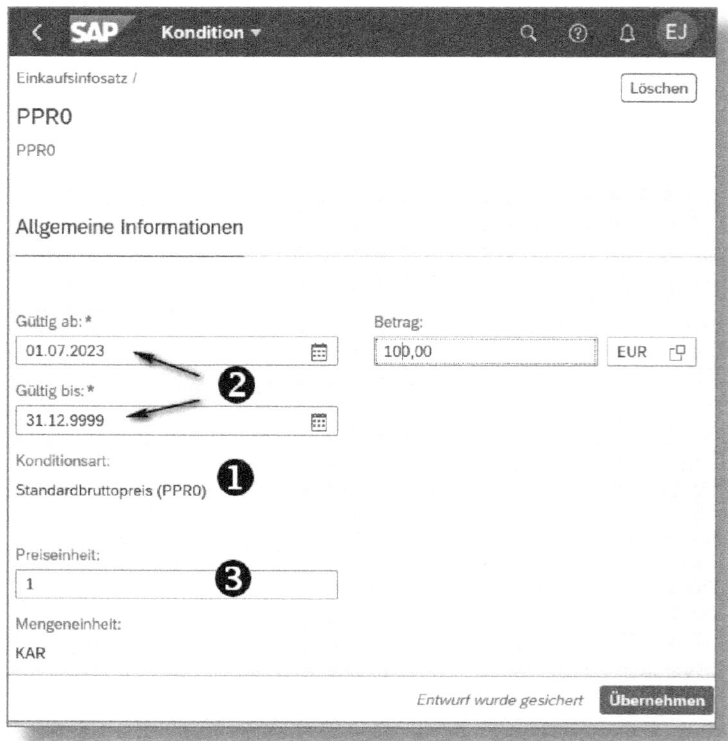

Abbildung 2.37: Infosatz – Konditionen anlegen

❶ Mit der KONDITIONSART steuern Sie, welche Preiselemente bei der Preisfindung herangezogen werden. Die Regeln dafür werden im Customizing (Systemeinstellungen) vorgegeben. Beispiele von Konditionsarten im Einkauf sind:

- *Bruttopreis:* (STANDARDBRUTTOPREIS in der Abbildung): Preis ohne Berücksichtigung möglicher Zu- und Abschläge
- *Nettopreis:* Preis mit Berücksichtigung von Zu- und Abschlägen
- *Effektivpreis*: Nettopreis minus Skonto, zuzüglich neutraler Rückstellungen, Bezugsnebenkosten und nicht abzugsfähiger Steuern

Neben diesen Materialpreiskonditionen gibt es weitere Konditionen wie Zu-/Abschläge, Skonto, Steuern, Frachtkosten usw.

❷ Das Datumskennzeichen GÜLTIG AB wird automatisch mit dem Tagesdatum vorgegeben, kann aber überschrieben werden. Das Feld GÜLTIG BIS ist mit *31.12.9999* vorbelegt. Für Analysen und Auswertungen wäre es sinnvoll, das Bis-Datum genau zu terminieren und somit eine quasi unendliche Gültigkeit auszuschließen; es könnten sonst Fehler oder Ungenauigkeiten bei Berechnungen in Analyse-Apps auftreten.

Neue Preise zum Jahreswechsel

Wenn Sie beispielsweise zum Jahres- oder Saisonwechsel neue Preise pflegen, dann wird das GÜLTIG-BIS-Datum des alten Preises automatisch auf das Tagesdatum umgestellt; der neue Preis erhält das Tagesdatum + 1 und ist gültig bis *31.12.9999*.

❸ Die PREISEINHEIT »1« und die MENGENEINHEIT »KAR« wurden vom Materialstammsatz übernommen.

Klicken Sie auf ÜBERNEHMEN (rechts unten), und kehren Sie zum Abschnitt KONDITIONEN zurück, wo Ihre Eingaben nun sichtbar sind.

Referenz

Mit der Referenz auf ein konkretes ANGEBOT, im Beispiel *8000000999*, können Sie unter dieser Registerkarte Referenzdaten verwalten (siehe Abbildung 2.38).

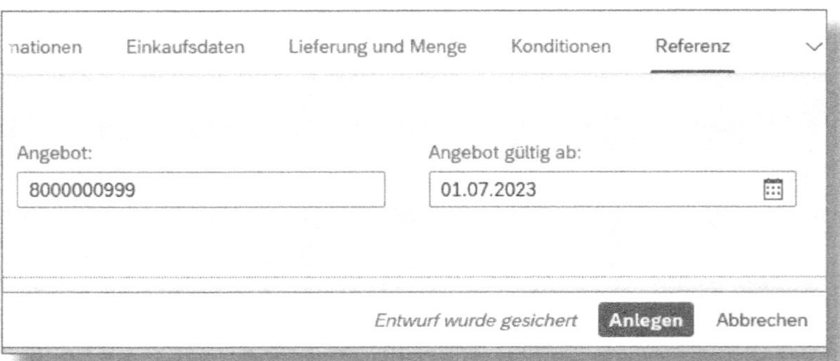

Abbildung 2.38: Infosatz – Referenz

Die Anlage des Einkaufsinfosatzes ist nun abgeschlossen. Wenn Sie jetzt auf Anlegen klicken, sollten Sie die Meldung »Einkaufsinfosatz angelegt« bekommen.

2.3.2 Kontrakte

Kontrakte und *Lieferpläne* werden unter dem Überbegriff *Rahmenverträge* zusammengefasst. Sie legen für einen definierten Zeitraum die Lieferung von Materialien oder Erbringung von Dienstleistungen mit einem bestimmten Lieferanten fest. Auch die Konditionen werden bereits zu Beginn dieser Periode vereinbart.

Die Kontraktposition dient in weiterer Folge bei der Anlage einer Bestellanforderung als Bezugsquelle und wird in die Bestellung durchgereicht. Es steht daher immer eine lückenlose Dokumentation zum Abruf bereit.

Zwei wichtige Arten von Kontrakten stehen Ihnen standardmäßig zur Verfügung:

- *Mengenkontrakte:* Beim Mengenkontrakt vereinbaren Sie mit dem Lieferanten für eine festgelegte Vertragsdauer eine zu bestellende Gesamtmenge. Wenn die vereinbarte Menge mittels Kontraktabrufe erreicht ist, gilt der Vertrag als erfüllt. Sie haben die Option, auf Kopfebene einen Zielwert über alle Positionen zu bestimmen. Auf jeden Fall pflegen Sie in der Position die jeweils vereinbarte Zielmenge. Im nachfolgend beschriebenen Beispiel für das Material *Steuerelektronik P-111 1010* (siehe Abbildung 2.43) und den Lieferanten *Lieferant_01 Test GmbH* lernen Sie den Mengenkontrakt näher kennen (siehe Abbildung 2.40).

- *Wertkontrakte:* Beim Wertkontrakt vereinbaren Sie mit dem Lieferanten einen Gesamtwert über alle Positionen, der nicht überschritten werden sollte. Der Ablauf der Anlage erfolgt analog zum Mengenkontrakt und in derselben App.

Sie können Kontrakte mit der App »Einkaufskontrakt anlegen« ausführen, eine aus SAP ERP übernommene GUI-Transaktion. Da wir aber, wie eingangs erwähnt, in unserem Tutorial möglichst mit neuen Fiori-Apps arbeiten wollen, stelle ich Ihnen stattdessen die App »Einkaufskontrakte verwalten« vor. Optisch ist diese wie jede bisher vorgestellte App aufgebaut, mit Filteranpassungen und Kopiermöglichkeiten. Für die Kontraktanlage klicken Sie auf den Button ∘∘∘ für »Mehr« und wählen ANLEGEN aus (siehe Abbildung 2.39).

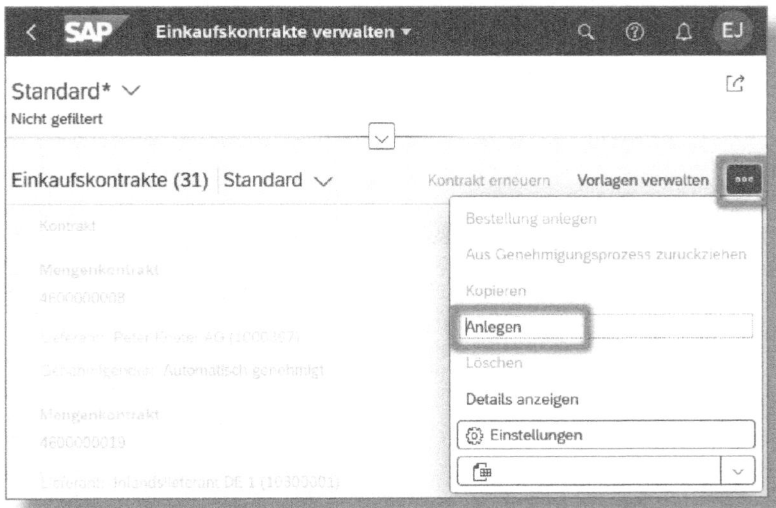

Abbildung 2.39: Einkaufskontrakt anlegen – Einstieg

Allgemeine Informationen

Pflegen Sie im sich öffnenden Screen die GRUNDDATEN und die Schlüsseldaten der ORGANISATION (siehe Abbildung 2.40).

Abbildung 2.40: Einkaufskontrakt – Allgemeine Informationen

Folgende Felder sind verpflichtend:

❶ KONTRAKTART (auch *Vertragsart* genannt), z. B. Mengenkontrakt, Wertkontrakt oder eine Zentralkontraktform

❷ LIEFERANT

❸ EINKÄUFERGRUPPE (Person oder Gruppe)

❹ gewünschte EINKAUFSORGANISATION

❺ BUCHUNGSKREIS (wird in der Regel automatisch über die EkOrg gezogen)

Liefer- und Zahlungsbedingungen

Pflegen Sie den ZIELWERT und die Konditionen auf Ebene des Gesamtkontrakts (siehe Abbildung 2.41).

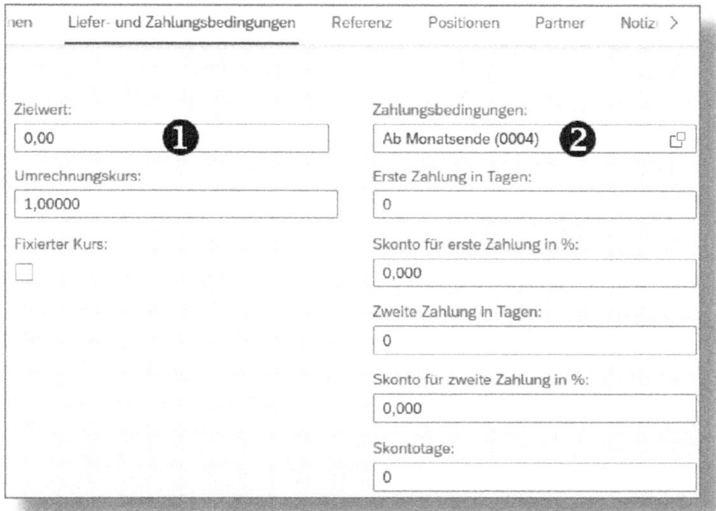

Abbildung 2.41: Einkaufskontrakt – Liefer- und Zahlungsbedingungen

❶ Einen ZIELWERT (gesamt/Kopfebene) können Sie auch im Mengenkontrakt vorgeben.

❷ Die ZAHLUNGSBEDINGUNGEN sind in diesem Fall vom Lieferanten gezogen worden und könnten im Bedarfsfall auch überschrieben werden. Je nach Art der Zahlungsbedingung können Sie noch SKONTO in Prozent und den Zeitrahmen in TAGEN vorgeben.

Positionen

Für das gewünschte Material legen Sie eine neue Position an, indem Sie unter »Mehr« (•••) die Option ANLEGEN wählen (siehe Abbildung 2.42).

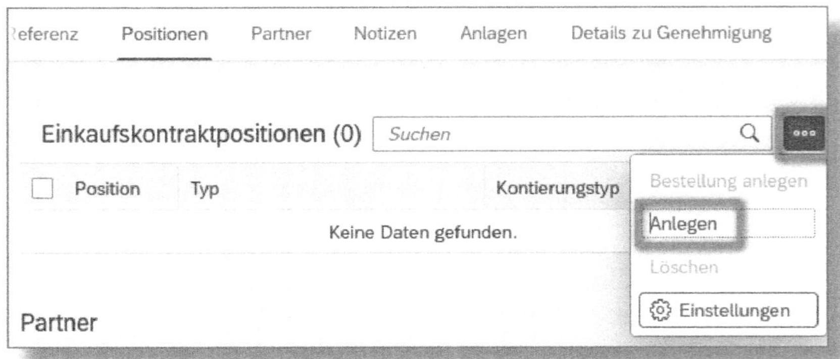

Abbildung 2.42: Kontraktpositionen anlegen – Einstieg

Register »Allgemeine Informationen«

Pflegen Sie nun die Positionsdaten (siehe Abbildung 2.43).

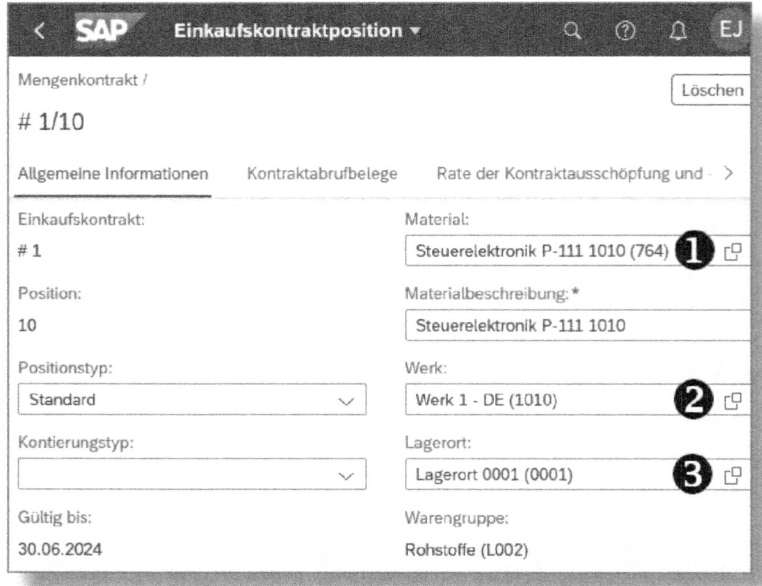

Abbildung 2.43: Kontraktposition – Allgemeine Informationen

❶ Geben Sie das MATERIAL direkt ein, oder suchen Sie in der Wertehilfe [⧉], die MATERIALBESCHREIBUNG erscheint automatisch.

❷ Geben Sie das WERK ein. Sollten Sie eine *zentrale Beschaffung* (erstreckt sich über mehrere Werke) bearbeiten, bleibt dieses Feld leer.

❸ Je nach Pflege der Daten im Materialstamm erscheint der LAGERORT automatisch, sonst geben Sie im Fall eines *Lagermaterials* (wird bis zum Verbrauch bzw. zur Entnahme unter Bestand geführt; im Materialstamm über die Materialart definiert) den Lagerort manuell vor.

Für *Verbrauchsmaterial* (die Ware wird direkt dem Kostenträger (Kontierungstyp) zugeordnet, z. B. der Fachabteilung, Produktion oder verschiedenen Auftragsarten) sollten Sie, sofern möglich, einen KONTIERUNGSTYP pflegen, da das System sonst bei jedem Kontraktabruf diese Eingabe erzwingt. Im SAP-System sind wichtige Kontierungstypen bereits vorkonfiguriert, beispielsweise für:

- Anlage
- Fertigungsauftrag
- Kundenauftrag
- Kostenstelle
- Projekt
- unbekannt

Register »Menge und Preis«

Als Nächstes pflegen Sie MENGE UND PREIS der Position (siehe Abbildung 2.44).

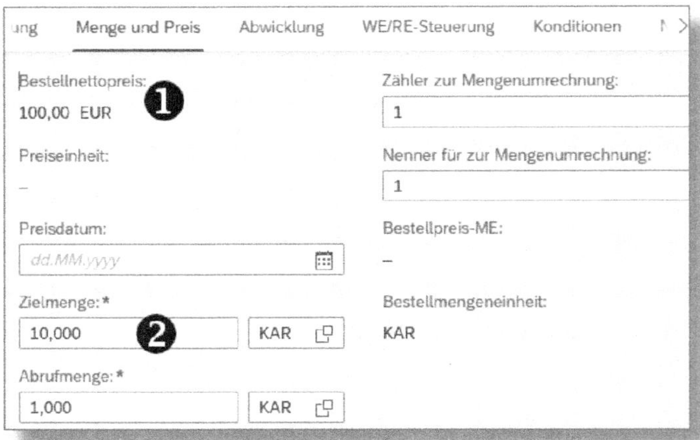

Abbildung 2.44: Kontraktposition – Menge und Preis

❶ Wenn der BESTELLNETTOPREIS noch nicht im Materialstamm abgelegt wurde, müssen Sie ihn hier ergänzen. Diese Preisdaten können Sie auch unter der Registerkarte KONDITIONEN im Detail verfolgen (ohne Abbildung).

❷ Hier geben Sie die ZIELMENGE gemäß der entsprechenden BESTELLMENGENEINHEIT *KAR* vor.

> **☛ Sichern nicht vergessen!**
>
> Klicken Sie zuerst auf ÜBERNEHMEN und dann auf ANLEGEN (jeweils rechts unten). Das System sichert Ihre Eingaben und eine Meldung »Objekt angelegt« erscheint.

2.3.3 Lieferpläne

Lieferpläne gehören ebenso wie Kontrakte zu den Rahmenverträgen.

Im Lieferplan legen Sie in sogenannten *Einteilungen* fest, welche Materialien mit welcher Menge und zu welchen Terminen innerhalb eines bestimmten Zeitraums geliefert werden sollen.

Lieferplanpositionen sind für folgende Beschaffungsarten vorgesehen:

- *Normal:* Die Beschaffung erfolgt im üblichen Rahmen.
- Lohnbearbeitung: Die Beistellkomponenten werden für den Lohnbearbeiter bereitgestellt.
- *Konsignation*: Vom Konsignationsbestand vor Ort werden gemäß Lieferplan die Waren entnommen, in den eigenen Bestand verbucht und in der Regel gleich verbraucht bzw. einem Kunden weitergeliefert.
- *Umlagerung:* Sie teilen so die Liefertermine einer Umlagerung (Werk an Werk) genau ein.
- *Streckenabwicklung:* Ihr Lieferant sendet die Waren direkt zu Ihrem Kunden.

Auch für die Anlage eines neuen Lieferplans bedienen wir uns wieder einer Fiori-App: »Einkaufslieferpläne verwalten«. Die Filteranpassungen und Kopiermöglichkeiten werden Ihnen jetzt bereits bekannt vorkommen. Unter ••• finden Sie wiederum das Feld ANLEGEN (siehe Abbildung 2.45).

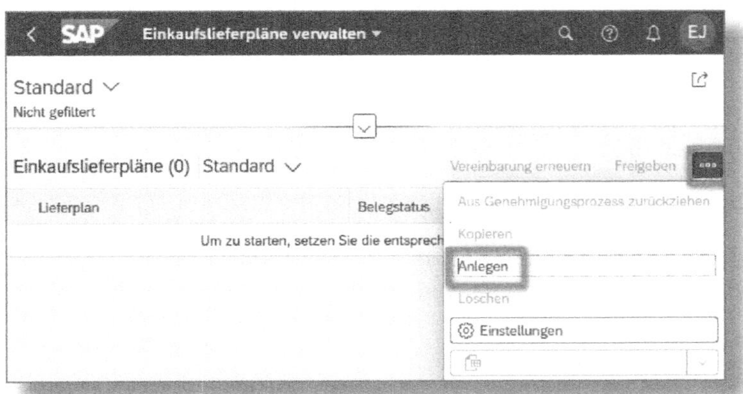

Abbildung 2.45: Einkaufslieferplan anlegen – Einstieg

Allgemeine Informationen

Pflegen Sie unter diesem inzwischen bestens bekannten Register die GRUNDDATEN und die Schlüsseldaten der ORGANISATION (siehe Abbildung 2.46).

Abbildung 2.46: Einkaufslieferplan – Allgemeine Informationen

❶ Geben Sie die VERTRAGSART vor, in unserem Fall einen Lieferplan mit Abrufdokumentation (ohne wäre ebenfalls möglich).

❷ Der LIEFERANT sowie die

❸ EINKÄUFERGRUPPE (Person oder Gruppe) sind wieder Pflichtfelder.

❹ Das gilt gleichermaßen für die gewünschte EINKAUFSORGANISATION.

❺ Prüfen Sie, ob der BUCHUNGSKREIS automatisch gezogen wurde, bzw. tragen Sie ihn manuell ein.

Lieferung und Zahlung

Pflegen Sie unter diesem Register die ZAHLUNGSBEDINGUNGEN und INCOTERMS (siehe Abbildung 2.47).

Falls die gezogenen Zahlungsbedingungen und Incoterms aus den Stammdaten nicht den gewünschten Bedingungen entsprechen, überschreiben Sie die Felder.

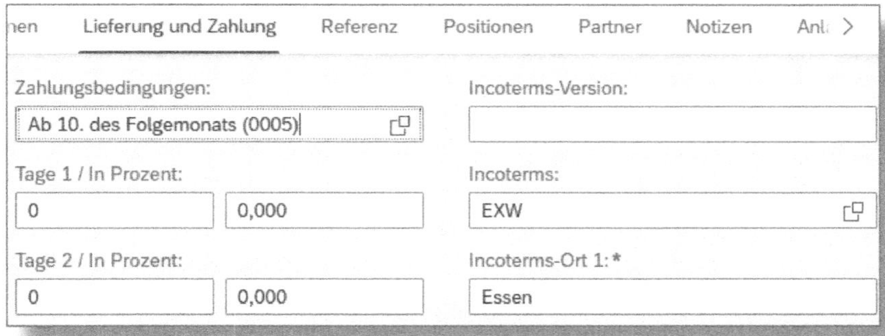

Abbildung 2.47: Einkaufslieferplan – Lieferung und Zahlung

Positionen

In diesem Register können Sie neue Positionen anlegen. Je nach Bildschirmauflösung klicken Sie direkt auf Anlegen oder zuerst auf »Mehr« (···) und in der Auswahl dann auf ANLEGEN.

> **! Gleichnamige Register sind möglich**
>
> Die folgenden Registerkarten befinden sich auf Positionsebene und nicht mehr auf Kopfebene! Deshalb sind gleichnamige Register möglich (Allgemeine Informationen).

Register »Allgemeine Informationen«

Pflegen Sie die Felder wie in Abbildung 2.48 beschrieben.

Als Beispiel sehen wir uns die MATERIALDETAILS für den *Gehäuserohling EJ (765)* an.

❶ POSITIONSTYP *Standard*, die weiteren Optionen sind am Beginn von Abschnitt 2.3.3 beschrieben.

❷ Im Feld MATERIAL pflegen Sie das besagte Material; möglich wäre hier auch eine Leistungsart.

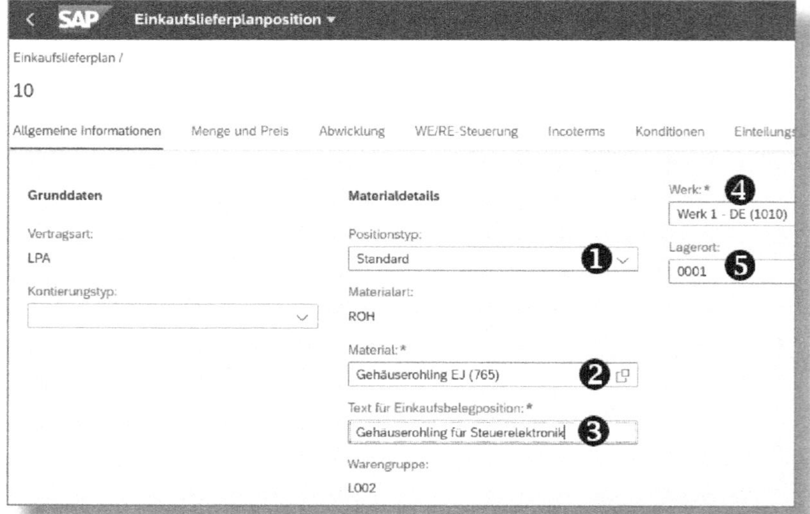

Abbildung 2.48: Lieferplanposition – Allgemeine Informationen

❸ Mit dem TEXT FÜR EINKAUFSBELEGPOSITION können Sie eine Kurzbeschreibung für die Belegposition hinterlegen.

❹ Geben Sie das gewünschte WERK *1010* vor.

❺ Falls Sie einen bestimmten LAGERORT für das Material führen, sollten Sie diesen hier hinterlegen, damit er in weiterer Folge, z. B. beim Wareneingang, gleich automatisch gezogen wird.

Register »Menge und Preis«

Hier pflegen Sie die in Abbildung 2.49 gezeigten Angaben.

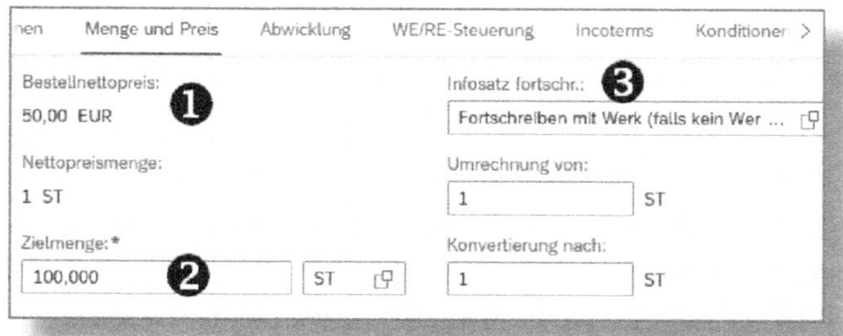

Abbildung 2.49: Lieferplanposition – Menge und Preis

❶ Der BESTELLNETTOPREIS stellt den Preis je Einheit dar. Falls noch kein Nettopreis vorliegt, geben Sie den Bruttopreis vom Lieferanten ein, das System errechnet dann automatisch den Nettopreis.

❷ Die ZIELMENGE ist die mit dem Lieferanten vereinbarte Gesamtmenge.

❸ Im Feld INFOSATZ FORTSCHR. haben Sie folgende Möglichkeiten:

- *Keine Fortschreibung*
- *Fortschreiben mit oder ohne Werk*
- *Fortschreiben mit Werk (falls kein Werksverbot)*
- *Fortschreiben ohne Werk (falls keine Werkpflicht)*

Register »Abwicklung«

In diesem Abschnitt steuern Sie die Auftragsbestätigung. Sofern die Daten bereits im Lieferantenstamm gepflegt sind, werden sie hier übernommen. Überprüfen und korrigieren Sie die Felder, wie in Abbildung 2.50 gezeigt.

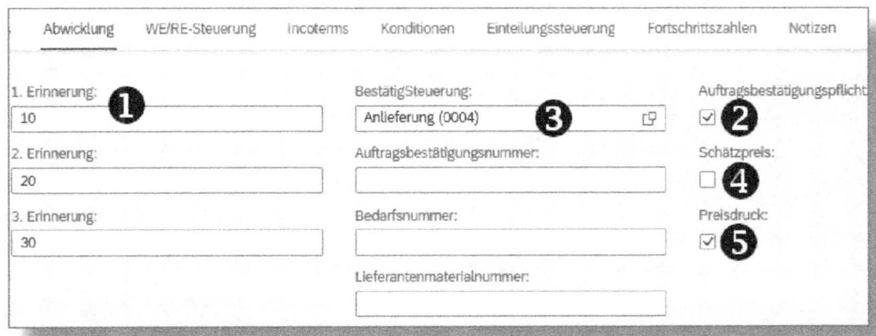

Abbildung 2.50: Lieferplanposition – Abwicklung

❶ 1. bis 3. ERINNERUNG: Für den Fall, dass der Lieferant säumig werden sollte, können Sie hier die Zeiträume in Tagen für die Erinnerungen festlegen.

❷ Mittels der AUFTRAGSBESTÄTIGUNGSPFLICHT vereinbaren Sie mit dem Lieferanten, dass eine Bestätigung zum Erhalt des Einkaufsbelegs (Bestellung, Rahmenvertrag) erwartet wird.

❸ Für die BESTÄTIGUNGSSTEUERUNG bestehen mehrere Optionen, z. B. folgende:

- *Bestätigungen (0001)*
- *Grob-WE (0002):* bestätigungsbezogener zweistufiger Wareneingang; der endgültige Wareneingang erfolgt nach dem physischen Eintreffen der Ware
- *Anlieferung/Grob-WE (0003):* bestätigungsbezogene Anlieferung
- *Anlieferung (0004):* Ein sogenannter Avis wird im Zuge der Lieferung erwartet (entspricht unserem Beispiel)

❹ Der SCHÄTZPREIS hilft der *Rechnungsprüfung*, wenn bis dato kein Preis bekannt ist, gröbere Preisabweichungen zu verfolgen.

❺ Mit dem Kennzeichen PREISDRUCK steuern Sie, ob bei der Bestellung der Preis angezeigt werden soll.

Register »WE/RE-Steuerung«

Im *Waren-/Rechnungseingangs-Verrechnungskonto (WE/RE-Konto)* werden alle Bewegungen für dieselbe Bestellung und Bestellposition fortgeführt. Das System kann somit jederzeit den Saldo bereitstellen. In diesem Abschnitt lernen Sie Beispiele der wichtigsten Steuerungsfelder kennen (siehe Abbildung 2.51).

❶ UNTER-/ÜBERLIEFERUNGSTOLERANZ IN PROZENT: Der hier eingetragene Wert gibt das Maß an Toleranz gegenüber Unter- und Überlieferungen an.

❷ STEUERKENNZEICHEN: Über dieses Kennzeichen legen Sie für einen Umsatz die Steuerkategorie fest, ob er überhaupt steuerbar ist, ob im In- oder Ausland generiert usw. Für unser Beispiel haben wir *19 % Eingangssteuer Inland* gewählt.

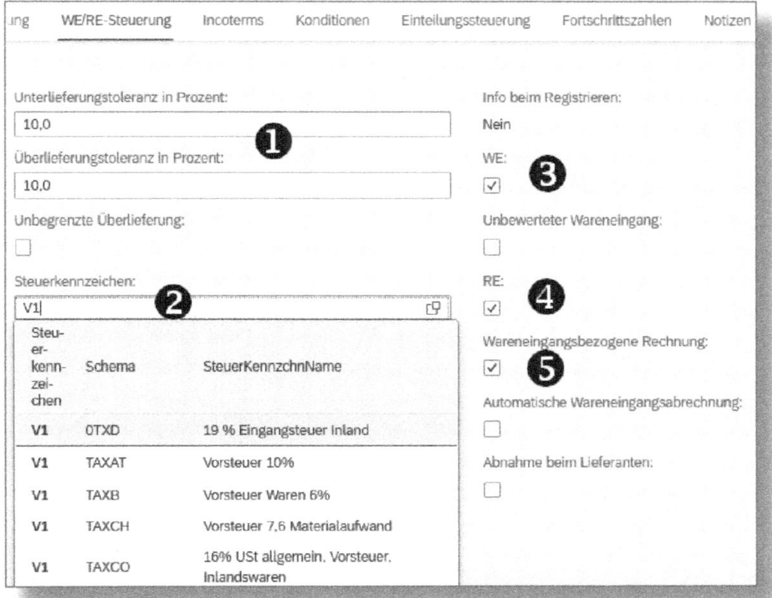

Abbildung 2.51: Lieferplanposition – WE/RE-Steuerung

❸ WE (Wareneingang): Mit einem Haken in diesem Kennzeichen bestimmen Sie, dass für diese Position (im späteren Auftrag) ein Wareneingang gebucht werden muss und sie somit für die Bestandsführung relevant ist.

❹ RE (Rechnungseingang): Ist dieses Kennzeichen aktiv, wird für diese Position ein Rechnungseingang erwartet. Wenn Sie es nicht ankreuzen, bedeutet das eine *kostenlose Lieferung*.

❺ WARENEINGANGSBEZOGENE RECHNUNG: Wenn dieses Kennzeichen gesetzt ist, wird für diese Position eine Rechnungsprüfung angestoßen. In der Bestellung sehen Sie im Abschnitt *Bestellentwicklung* die entsprechenden Eingangsrechnungsbuchungen.

Register »Incoterms«

In diesem Abschnitt (ohne Abbildung) geben Sie die handelsübliche Incoterms-Vertragsformel ein, z. B. *EXW ab Werk*. Zusätzlich verlangt das System wie üblich einen INCOTERM-ORT 1.

Register »Konditionen«

Die BASISKONDITION *PPR0* wird aus dem Feld BESTELLNETTOPREIS im Register MENGE UND PREIS (❶, vgl. Abbildung 2.49) übernommen (siehe Abbildung 2.52).

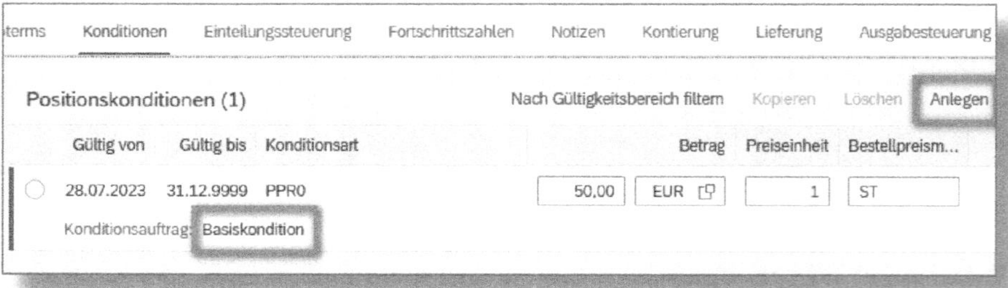

Abbildung 2.52: Lieferplanposition – Konditionen

Bei Bedarf können Sie über den Button Anlegen weitere Konditionen erfassen, siehe einige Beispiele:

- *DCD1* – Skonto 1
- *DRG1* – % Bruttobetrag 1
- *DRN1* – % Nettobetrag 1
- *DRV1* – Festbetrag 1
- *DRW1* – +/- bzgl. Bruttogew
- *FGW1* – Fracht/BruGewicht 1
- *FQU1* – Fracht/Menge 1
- *FVA1* – Fracht/Wert 1
- *PMP0* – Bruttopreis manuell
- *PPR0* – Standardbruttopreis

Register »Einteilungssteuerung«

Diese Steuerungsdaten bedürfen einer engen Abstimmung mit der Abteilung *Dispo* (Materialplanung). Es sind Zusatzdaten im Lieferplan, die im gegebenen Fall für Anforderungen der Materialbedarfsplanung berücksichtigt werden müssen (siehe Abbildung 2.53).

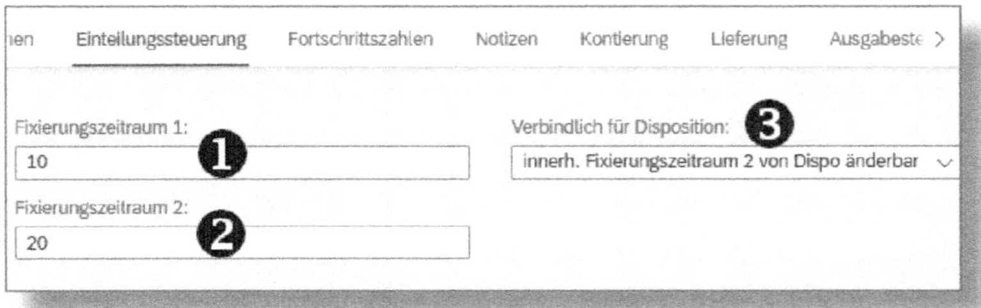

Abbildung 2.53: Lieferplanposition – Einteilungssteuerung

Der FIXIERUNGSZEITRAUM wird in Kalendertagen gerechnet.

❶ FIXIERUNGSZEITRAUM 1: Für diesen Zeitraum, Abrufdatum minus Tage Zeitraum 1, sagt der Einkauf dem Lieferanten zu, dass die Materialkosten, auch im Falle eines Stornos, übernommen werden.

❷ FIXIERUNGSZEITRAUM 2: Entspricht dem Fixierungszeitraum 1, nur kann die Einteilung gemäß der Verbindlichkeit für die Disposition ❸ noch geändert werden.

❸ VERBINDLICH FÜR DISPOSITION: Hierfür bietet die Standardauslieferung drei Möglichkeiten:

- Die Einteilungen sind nach dem FIXIERUNGSZEITRAUM 2 von der Dispo noch änderbar.
- Die Einteilungen innerhalb des FIXIERUNGSZEITRAUMS 2 sind von der Dispo änderbar.
- Die Einteilungen sind von der Dispo immer änderbar.

Register »Lieferung«

Die Adressdaten für die Anlieferung werden aus dem gepflegten LAGERORT (siehe Abbildung 2.48) übernommen, Sie müssen daher keine Eingaben ergänzen, können diese aber bei Bedarf anpassen.

Guter Zeitpunkt zum Sichern

Jetzt ist wieder ein guter Zeitpunkt, Ihre Angaben zu sichern. Klicken Sie zuerst auf ÜBERNEHMEN und dann auf ANLEGEN (jeweils rechts unten). Das System sichert Ihre Eingaben zum Lieferplan, anschließend erscheint die Meldung OBJEKT ANGELEGT.

Einteilungen

Für jede Lieferplanposition benötigen Sie zumindest eine Zeile (Einteilung) mit Lieferdatum. In unserem Beispiel brauchen wir für die Steuerelektronik einen Gehäuserohling und sehen dafür einen einfachen Lieferplan mit einer Einteilung vor. Hierzu öffnen Sie nun in der Lieferplanposition zum Material *Gehäuserohling EJ (765)* das Register EINTEILUNGEN (siehe Abbildung 2.48) und klicken auf Anlegen. Das System erstellt daraufhin automatisch Einträge im ersten Abschnitt ALLGEMEINE INFORMATIONEN (siehe Abbildung 2.54).

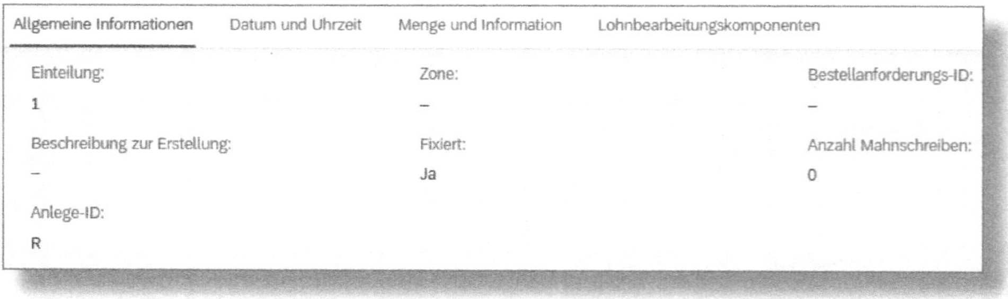

Allgemeine Informationen | Datum und Uhrzeit | Menge und Information | Lohnbearbeitungskomponenten

Einteilung:	Zone:	Bestellanforderungs-ID:
1	–	–
Beschreibung zur Erstellung:	Fixiert:	Anzahl Mahnschreiben:
–	Ja	0
Anlege-ID:		
R		

Abbildung 2.54: Lieferplanposition – Einteilungen, Allgemeine Informationen

ANLEGE-ID »R« bedeutet »Realtime (manuell)«, d. h., die Einteilung wurde mit dieser App manuell erzeugt. Weitere Erstellungskennzeichen/-beschreibungen sind z. B.:

- »B« – Bedarfsplanung
- »D« – Direktbeschaffung
- »F« – Fertigungsauftra

- »U« – Umgesetzter Planauftrag
- »V« – Vertriebsbeleg

Register »Datum und Uhrzeit«

In diesem Abschnitt erfassen Sie das LIEFERDATUM der Einteilungsposition (siehe Abbildung 2.55).

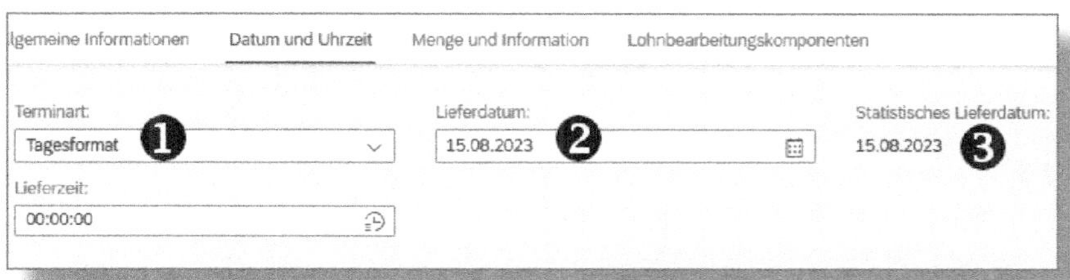

Abbildung 2.55: Lieferplanposition – Einteilungen, Datum und Uhrzeit

❶ Als TERMINART bieten sich hier folgende Möglichkeiten:

- »D« – Tagesformat
- »T« – Tagesformat
- »W« – Wochenformat
- »M« – Monatsformat

❷ Das LIEFERDATUM ist der Zeitpunkt, zu dem Sie die Ware geliefert bzw. die Dienstleistung erbracht haben wollen.

❸ Das STATISTISCHE LIEFERDATUM wird vom Lieferdatum übernommen und dient zur Berechnung der Termintreue des Lieferanten.

Register »Menge und Information«

In diesem Abschnitt geben Sie die Menge der Einteilungsposition vor (siehe Abbildung 2.56).

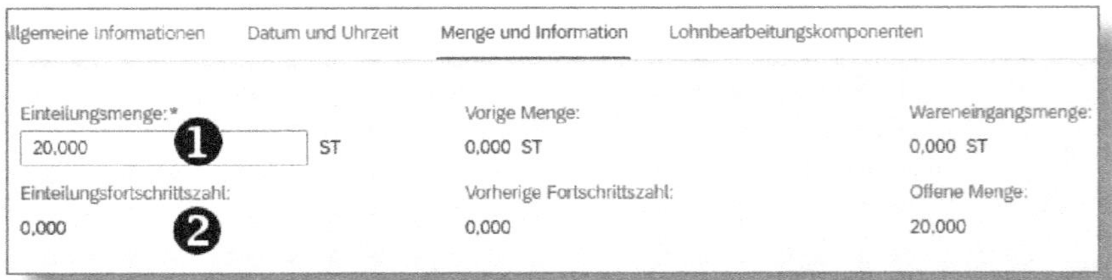

Abbildung 2.56: Lieferplanposition – Einteilungen, Menge und Info

❶ Hier erfassen Sie die EINTEILUNGSMENGE für diese Position und dieses Datum.

❷ Die EINTEILUNGSFORTSCHRITTSZAHL besteht aus der Summe der Wareneingänge und den kumulierten offenen Einteilungsmengen bis zum Stichtag der Einteilungszeile.

☛ Zum Schluss noch Sichern!

Klicken Sie zuerst auf ÜBERNEHMEN und dann auf ANLEGEN bzw. SICHERN (im Bearbeitungsmodus). Das System speichert Ihre Eingaben und die Meldungen »Objekt angelegt« oder »Einkaufslieferplan wurde gesichert« erscheinen.

Je nach Einstellung in Ihrem System wird mit dem abschließenden Speichern eine *Ausgabesteuerung* (Nachricht an den Lieferanten und/oder Spediteur) angestoßen.

3 Bestellabwicklung

Dieser Teil des Beschaffungsprozesses mit Bestellanforderung, Bestellung und Statusverwaltung wird vom *operativen Einkauf* durchgeführt. Ich möchte Sie in diesem Kapitel durch einen einfachen Einkaufsprozess führen und Ihnen alle Schritte in der neuen SAP-S/4HANA-Umgebung mit Fiori-Apps vorstellen.

Bitte stellen Sie sicher, dass Systemeinstellungen sowie die Pflege der Stammdaten und Bezugsquellen, wie in Kapitel 2 beschrieben, im Wesentlichen vorgenommen wurden, damit der eigentliche Prozessablauf für die Beschaffung geordnet gestartet werden kann.

3.1 Bestellanforderung

Die *Bestellanforderung (Banf)* ist ein interner Beleg, mit dem die Einkaufsabteilung aufgefordert wird, Materialien oder Dienstleistungen in definierter Menge und zu einem bestimmten Zeitpunkt zu beschaffen.

Bestellanforderungen können **direkt** erzeugt werden, d. h., ein *Bedarfsanforderer* erfasst eine Banf, oder **indirekt** über andere SAP-Komponenten, z. B. über den *Materialbedarfsplanungslauf* (oft *Dispo-* oder *MRP-Lauf* genannt), den *Instandhaltungsauftrag* oder den *Fertigungsauftrag*. Darüber hinaus können Banfen auch über **externe Systeme** via Schnittstellen angelegt werden.

3.1.1 Bestellanforderung anlegen

Für unser in Abschnitt 2.2 begonnenes Beispiel, die manuelle Beschaffung einer Steuerelektronik (Materialnummer 764), beginnen wir mit der »direkten« Anlage einer Banf. Ich überspringe bewusst den Dispo-

Lauf, weil die notwendigen und umfangreichen Grundlagen der Materialplanung in dieser Einführung nicht vorgesehen sind.

Auch für diesen Ablauf stehen mehrere Apps zur Auswahl. Wir bleiben bei den »Verwaltungs-Apps«, die mittels Einstieg über Filter eine bessere Übersicht ermöglichen. Sie suchen hierfür im SAP Fiori Launchpad die App »Bestellanforderungen verwalten – Professionell« und starten sie.

Abbildung 3.1 zeigt Ihnen den Einstiegsbildschirm.

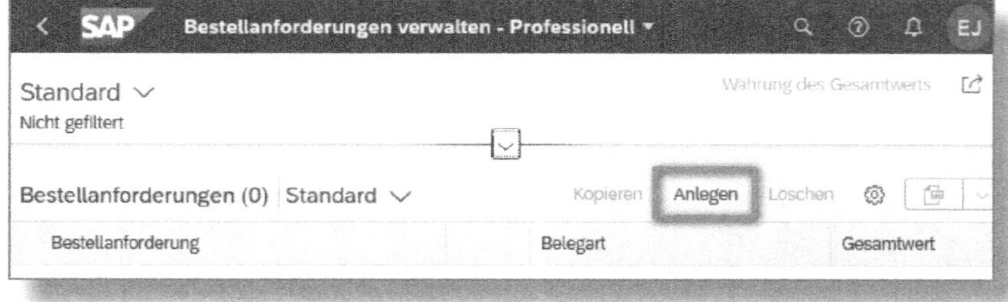

Abbildung 3.1: Bestellanforderung anlegen – Einstieg

Klicken Sie auf ANLEGEN, um in den nächsten Abschnitt zu gelangen.

Allgemeine Informationen

Die BESCHREIBUNG DER BESTELLANFORDERUNG gibt das System automatisch mit dem angemeldeten Benutzernamen, Tagesdatum und der Zeit vor. Der Text ist überschreibbar, z. B. mit einem Grund für die Banf oder einem Projekt, für das bestellt werden soll.

Zunächst geht es darum, die Art der Banf im System zu hinterlegen. Pflegen Sie die Felder gemäß Abbildung 3.2.

Abbildung 3.2: Bestellanforderung anlegen – Allg. Informationen

❶ BELEGART: In der Regel werden Sie eine der beiden folgenden Arten von Bestellanforderungen verwenden, die im Wesentlichen Ihre Banfen unterscheiden und eigenen Belegnummernkreisen zuordnen:

- *Bestellanforderung (NB):* Diese Banf verwenden Sie für eine *Normalbestellung*.
- *Rahmenbestellanforderung (FO):* Daraus erzeugt der Einkauf in weiterer Folge eine *Rahmenabrufbestellung*.

❷ AUTOMATISCHE BEZUGSQUELLENFINDUNG: Wenn für das betroffene Material genau eine Bezugsquelle existiert, schlägt das System diese bei der Bezugsquellenfindung automatisch vor.

Positionen

Im zweiten Schritt legen Sie die neue Position an und konkretisieren im Weiteren das zu bestellende Material (Steuerelektronik/764). Dazu klicken Sie zunächst auf Anlegen .

Ihnen stehen vier Möglichkeiten für die Anlage von Positionen zur Auswahl (siehe Abbildung 3.3).

- MATERIAL: Hier können Sie Positionen mit oder ohne vorhandenem Materialstamm erfassen. Positionen ohne Materialstamm erfordern die Eingabe eines Kurztextes und werden als *Textposition* bezeichnet.
- SERVICE: Hierbei handelt es sich um Dienstleistungspositionen.
- POSITIONEN AUS KATALOGÜBERGREIFENDER SUCHE
- POSITIONEN AUS EXTERNEN KATALOGEN

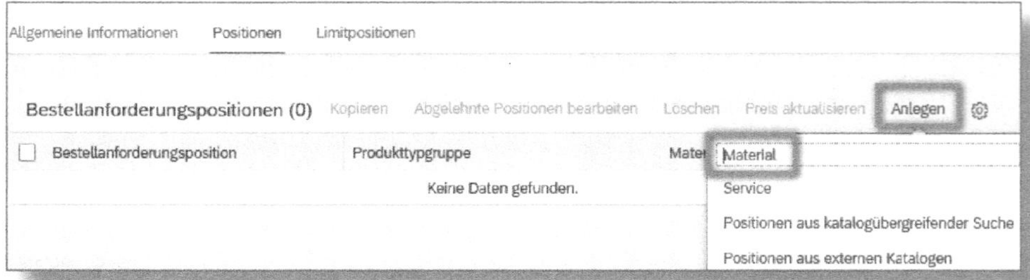

Abbildung 3.3: Bestellanforderung – Anlegen neuer Positionen

Wir konzentrieren uns auf die Steuerelektronik und die Anlage der Banf-Position mit vorhandenem Materialstamm, den wir bereits in Abschnitt 2.2.3 gepflegt haben. Sie wählen also im Drop-down-Menü zu ANLEGEN die Option MATERIAL und gelangen so zur Bearbeitung des ersten Registers.

Register »Allgemeine Informationen«

Sie beginnen mit den allgemeinen Informationen zur Banf-Position (siehe Abbildung 3.4).

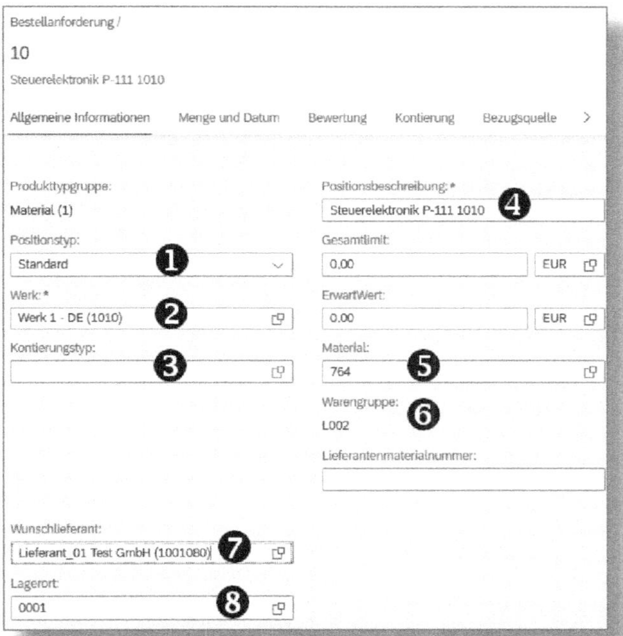

Abbildung 3.4: Bestellanforderung anlegen – Position, Allgemeine Informationen

❶ Beispiele der wichtigsten POSITIONSTYPEN sind:

- *Standard* (Normal): Das System erwartet hierfür einen Waren- und Rechnungseingang.
- *Konsignation:* Bei der *Lieferantenbeistellung* (dem Lieferanten wird zur Bearbeitung Material beigestellt) wird nur ein Wareneingang benötigt, verrechnet wird in einem eigenen, festgesetzten Prozedere.
- *Lohnbearbeitung*: Diese Position zeigt Ihnen eine beigestellte Komponente.
- *Dienstleistung:* Bei diesem Positionstyp können Sie ein detailliertes *Leistungsverzeichnis* (strukturierte Leistungsbeschreibung mit Gesamt- und Teilleistungen) abbilden.

❷ Durch die Angabe im Feld WERK kann das System organisatorische und buchhalterische Zuordnungen im Bestellablauf treffen.

❸ Der KONTIERUNGSTYP ordnet die Kosten der Bestellung einem Kontierungsobjekt zu (siehe Beispiele in Tabelle 3.1).

Typ	Bezeichnung
A	Anlage
B	Lagerfert./KundAuftr
C	Kundenauftrag
D	KD-Einzel/Projekt
E	KD-Einzel mit KD-CO
F	Auftrag
G	Lagerfertig./Projekt
H	Nichtlagerverkauf
K	Kostenstelle
M	KD-Einzel ohne KD-CO
N	Netzplan
P	Projekt
Q	Proj. Einzelfertig.
S	Streckenprojekt
T	Alle neuen NebKont.
U	Unbekannt
W	Strecke mit LagerWE
X	Alle Nebenkontier.
Y	Strecke ohne LagerWE
Z	Leihgut

Tabelle 3.1: Kontierungstypen laut Standardvorgaben der SAP

❹ Die POSITIONSBESCHREIBUNG, auch Kurztext genannt, wird automatisch vom Materialstamm übernommen. Im Fall einer Textposition geben Sie hier manuell die Beschreibung des Materials bzw. der Dienstleistung ein.

❺ Beim MATERIAL-Feld geben Sie die Materialnummer ein, also den Schlüsselbegriff für ein Material oder eine Dienstleistung.

❻ Die WARENGRUPPE wird automatisch vom Materialstamm übernommen. Bei einer Textposition erscheint eine Wertetabelle [⧉], aus der Sie die Warengruppe manuell auswählen müssen. In der Regel gibt es viele Dutzend Warengruppen im System; Beispiele sind Büromaterial, IT-Komponenten, Handelswaren, Rohstoffe, Halbfabrikate, Fertigerzeugnis, Unbewertetes Material, Leihgut, Lizenzen, Hardware usw.

❼ Über die Eingabeoption WUNSCHLIEFERANT können Sie einen von Ihnen gewählten Vorschlagslieferanten für den Einkäufer mitgeben. Die Entscheidung und Zuordnung der Bezugsquelle obliegt dem Einkauf.

❽ Der LAGERORT ist nur für Lagermaterial relevant und wird, wie auch in unserem Fall, automatisch vom Materialstamm übernommen.

Register »Menge und Datum«

In diesem Abschnitt pflegen Sie die beiden obligatorischen Felder MENGE und LIEFERDATUM (siehe Abbildung 3.5).

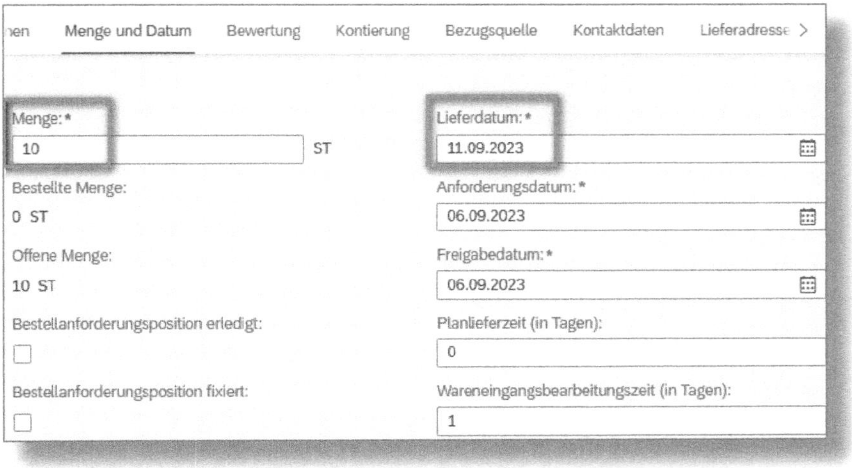

Abbildung 3.5: Bestellanforderung anlegen – Position, Menge und Datum

Das ANFORDERUNGSDATUM wird vom System automatisch mit dem Tagesdatum befüllt. Die weiteren Felder in der Abbildung dienen zur Information, als Bedarfsanforderer sind Sie an dieser Stelle in der Regel fertig.

Register »Bewertung«

Der Bedarfsanforderer wird nur in bestimmten Fällen einen BEWERTUNGSPREIS vorgeben, beispielsweise wenn die Stammdaten hierzu noch nicht gepflegt sind, der Preis aber bereits bekannt ist (siehe Abbildung 3.6).

Abbildung 3.6: Bestellanforderung anlegen – Position, Bewertung

Register »Kontierung«

Im Abschnitt KONTIERUNG geben Sie je nach KONTIERUNGSTYP (siehe ❸ in Abbildung 3.4) das jeweilige Kontierungsobjekt vor, z. B. Kostenstelle, Auftrag etc.

Register »Hinweise«

Zum Abschluss der Banf-Anlage möchte ich Ihnen noch zwei gängige Arten von Hinweisen vorstellen (siehe Abbildung 3.7).

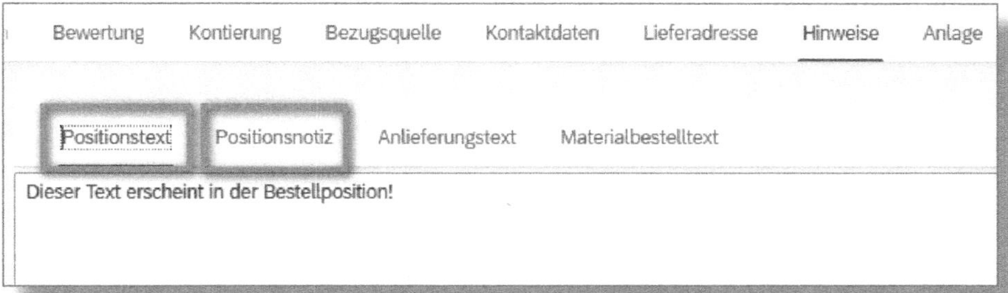

Abbildung 3.7: Bestellanforderung anlegen – Position, Hinweise

Mit dem POSITIONSTEXT können Sie in der Bestellposition dem Lieferanten eine Information zukommen lassen.

Mit der POSITIONSNOTIZ leiten Sie Hinweise an interne Bearbeiter weiter. Diese werden nicht an den Lieferanten ausgegeben.

Jetzt noch Sichern!

Klicken Sie zuerst auf ÜBERNEHMEN und dann auf ANLEGEN bzw. SICHERN (im Bearbeitungsmodus). Das System sichert Ihre Eingaben, und es erscheint die Meldung »Bestellanforderung angelegt« oder »Bestellanforderung wurde gesichert«.

Die Bestellanforderung/Position »10068152/00010« ist somit angelegt.

3.1.2 Bestellanforderung freigeben

Banfen werden in vielen Unternehmen auf breiter Basis erstellt. Deshalb ist über diese Anforderungen ein kontrollierter Überblick zu gewährleisten. Vorgesetzte und Kontrollorgane können mithilfe von *Workflows* (systemgeführte Arbeitsabläufe) Freigaben durchführen, die dann der betroffene Mitarbeiter in seiner *Inbox* (mit SAP Fiori verwalteter Posteingang) zur weiteren Bearbeitung vorfindet.

Die App »Meine Inbox« führt Sie durch vorkonfigurierte Freigabestrategien (festgelegter Ablauf, um Banfen, Bestellungen und andere Einkaufsbelege zu genehmigen) und *Business-Workflows*. Eine beispielhafte allgemeine Vorstellung des Genehmigungs-Workflows lernen Sie in Abschnitt 3.6 kennen.

3.2 Bezugsquellenfindung

Bevor Sie eine Bestellanforderung in eine Bestellung umwandeln, müssen Lieferant und Preis für das Material/die Dienstleistung der jeweiligen Position ermittelt und in die vorgesehenen Datenfelder übertragen werden. SAP nennt diesen Vorgang *Bezugsquellenfindung*, diese wird vom Einkauf ausgeführt.

Wenn eine externe Bezugsquelle, d. h. kein firmeneigenes Werk, herangezogen wird, dann benötigt das System entweder einen Einkaufsinfosatz oder eine Rahmenvertragsposition. Zusätzlich sind auch *Orderbücher* und *Quotierungen* einsetzbar (siehe die Abschnitte 7.1 und 7.2).

Sind diese Voraussetzungen erfüllt, kann das System die erforderlichen Lieferanten- und Preisdaten für die Weiterverarbeitung (Bestellung) übernehmen.

3.2.1 Bezugsquellen zuordnen

Mit der alten Transaktion *ME57* (Fiori-App »Bestellanforderungen zuordnen und bearbeiten«) können Sie weiterhin in SAP S/4HANA die Bezugsquellen zuordnen. Ich empfehle die Transaktion allerdings nur für Massenupdates.

Wir konzentrieren uns im Weiteren auf eine Zuordnung mit der Fiori-App »Bestellanforderungen verwalten – Professionell«, und zwar aufbauend auf unserem Beispiel aus Abschnitt 3.1.1. In Abbildung 3.8 befinden Sie sich im Bearbeitungsmodus der ausgewählten Banf 10068152 und der Position 10 im Abschnitt (Registerkarte) BEZUGSQUELLE.

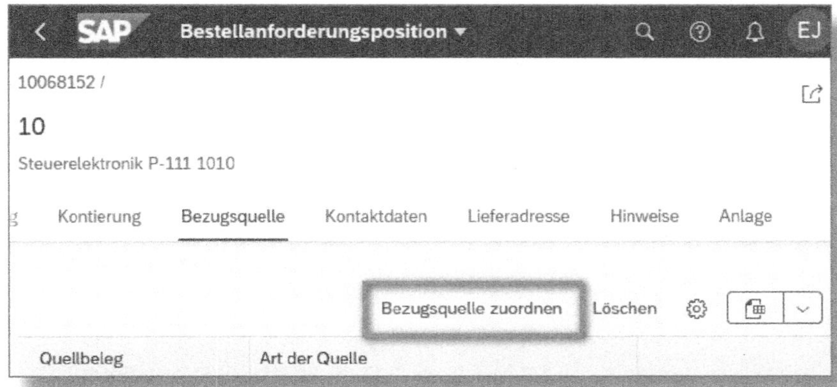

Abbildung 3.8: Bestellanforderung – Bezugsquelle zuordnen

Klicken Sie auf BEZUGSQUELLE ZUORDNEN. Das System findet nun die entsprechende Bezugsquelle (siehe unser Beispiel in Abbildung 3.9).

Bezugsquelle auswählen

Vorgeschlagene Bezugsquellen | Infosatz | Kontrakt | Lieferplan | Fester Lieferant

Belegpositionen (3)

Quellbeleg	Art der Quelle	Lieferant	Werk	EinkOrganisation
4600000032 00010	Rahmenvertrag	Lieferant_01 Test GmbH (1001080)	Werk 1 - DE (1010)	Einkaufsorg. 1010 (1010)
Bestellnettopreis: 10,00 EUR				
5300001184	Infosatz	Lieferant_01 Test GmbH (1001080)		Einkaufsorg. 1010 (1010)
Bestellnettopreis: 100,00 EUR				

Abbildung 3.9: Bestellanforderung – vorgeschlagene Bezugsquellen

Für fremdbeschaffte Materialien sind folgende Regeln in vorgegebener Reihenfolge zu beachten:

1. **Lieferpläne:** Wenn für das Material ein gültiger Lieferplan angelegt ist, so hat dieser die oberste Priorität.
2. **Kontrakte**: Ermittelt das System keinen Lieferplan, aber ein Kontrakt liegt vor, dann wird dieser als nächste Bezugsquelle vorgeschlagen.
3. **Infosätze**: Als Letztes werden Infosätze in der Bezugsquellenfindung ermittelt.

Wenn Orderbücher oder Quotierungen verwendet werden, übersteuern diese die angeführte Reihenfolge, wobei Quotierungen eine höhere Priorität als Orderbücher besitzen.

In unserem Beispiel aus Abbildung 3.9 stellt das System einen RAHMENVERTRAG und einen INFOSATZ zur Auswahl. Mit einem Klick auf den QUELLBELEG *4600000032* mit der Position *00010* ordnen Sie die Quelle zu und gelangen zum nächsten Bildschirm (siehe Abbildung 3.10).

Abbildung 3.10: Bestellanforderung – Bezugsquelle zugeordnet

Falls Sie die Bezugsquelle doch nicht übernehmen wollen, haben Sie hier noch die Möglichkeit, den Quellbeleg mit dem Feld LÖSCHEN wieder zu entfernen.

Wenn die Bezugsquelle passt, klicken Sie auf ÜBERNEHMEN und SICHERN, woraufhin die Meldung »Bestellanforderung gesichert« erscheint.

3.3 Bestellung via Banf anlegen

Im SAP-System existieren nach wie vor mehrere Wege für die Anlage einer Bestellung. Im Wesentlichen sind dies:

- eine Banf umsetzen,
- die Bestellung manuell anlegen,
- die Bestellung automatisch erzeugen.

In SAP S/4HANA können Sie, wie Sie es von SAP ERP gewohnt sind, Bestellungen mit der Transaktion *ME58* (Fiori-App »Bestellung über Bestellungszuordnungsliste anlegen«) anlegen.

Ich zeige Ihnen in diesem Abschnitt einen alternativen Weg, wie Sie mit der Fiori-App »Bestellanforderungen bearbeiten« anhand einer Banf eine Bestellung anlegen. Als Beispiel verwende ich die Banf/Position 10068152/10 aus dem vorigen Abschnitt (siehe hierzu den Einstieg in die App, dargestellt in Abbildung 3.11).

❶ FILTER ANPASSEN: Ich habe die EINKÄUFERGRUPPE *036*, den BEARBEITUNGSSTATUS *Nicht bearbeitet* und den Datumsbereich *(01.09.2023 bis 30.09.2023)* selektiert.

! Unklarheiten beim Filtern vermeiden

Prüfen Sie, ob alle nicht benötigten Felder leer sind, indem Sie auf FILTER ANPASSEN und weiter im Pop-up (ohne Abbildung) rechts oben auf ZURÜCKSETZEN klicken. Der Grund dafür ist, dass Sie am Bildschirm nicht alle Selektionsfelder sehen. Es kommt gelegentlich vor, dass einige bereits mit Filterkriterien vorbelegt sind, die nicht zu Ihrer Bestellung passen.

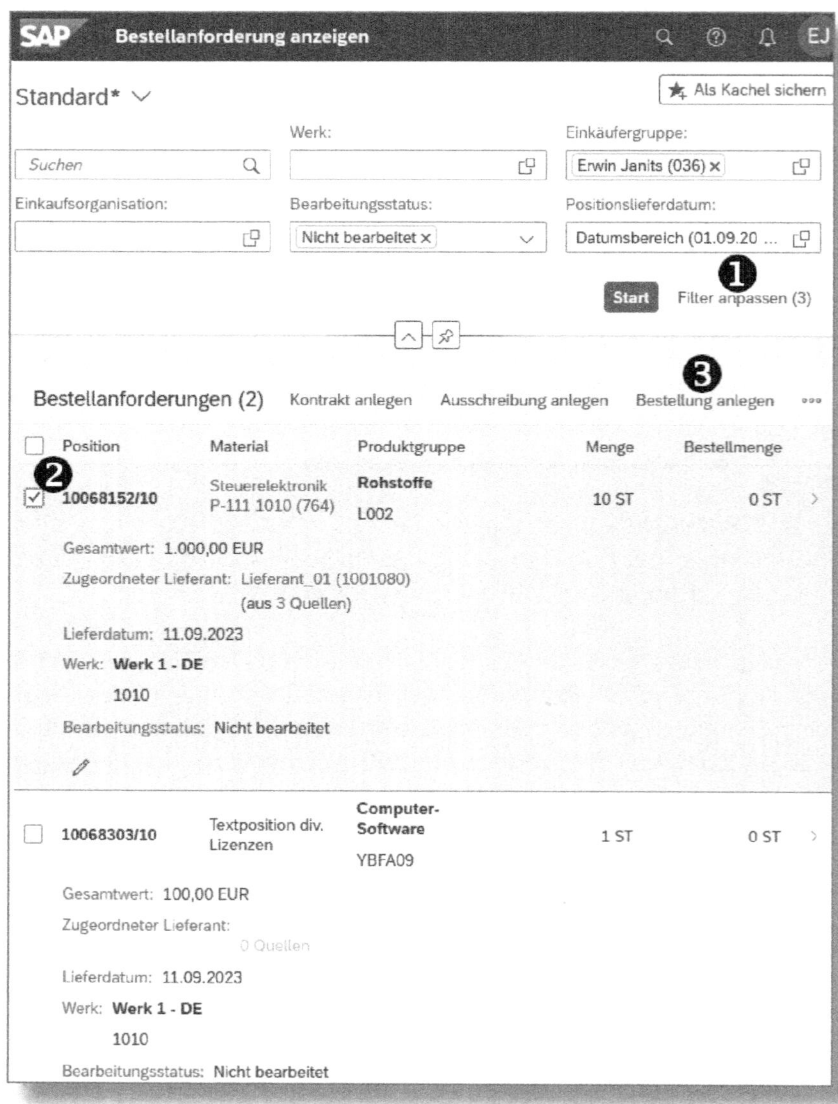

Abbildung 3.11: Bestellung via Banf anlegen – Einstieg

Nach einem Klick auf Start findet das System zwei zu bearbeitende Banfen.

❷ Markieren Sie die POSITION *10068152/10*.

❸ Wählen Sie BESTELLUNG ANLEGEN aus.

Folgendes Pop-up mit drei gängigen Nachrichten kann nun erscheinen (siehe Abbildung 3.12).

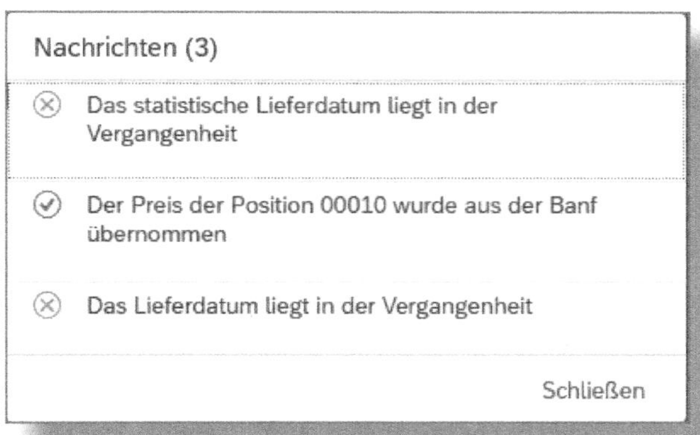

Abbildung 3.12: Nachrichten bei Bestellanlage

Diese Nachrichten sind entweder Informationen (grün) oder Warnungen (orange) – in unserem Fall sind sie ohne Belang. SCHLIESSEN Sie das Fenster. Falls ein Problem behoben werden muss, brechen Sie im nächsten Fenster ab, bevor Sie die Bestellanlage abschließen.

Da beide Warnungen für unsere Beispielbestellung unerheblich sind, gelangen wir im nächsten Schritt zur neuen Bestellung (siehe Abbildung 3.13).

Kopf- und Positionsdaten wurden ordnungsgemäß von der Banf übernommen. Detaillierte Beschreibungen finden Sie in Abschnitt 3.4 unter der Bearbeitung der Bestellung.

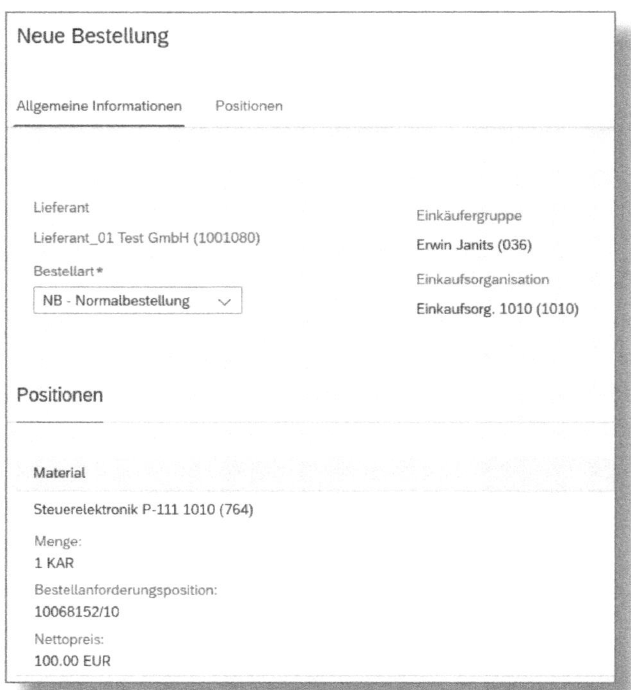

Abbildung 3.13: Bestellung via Banf anlegen – Übersicht

Nach dem Sichern erhalten Sie wiederum Meldungen, wie sie etwa in Abbildung 3.14 zu sehen sind.

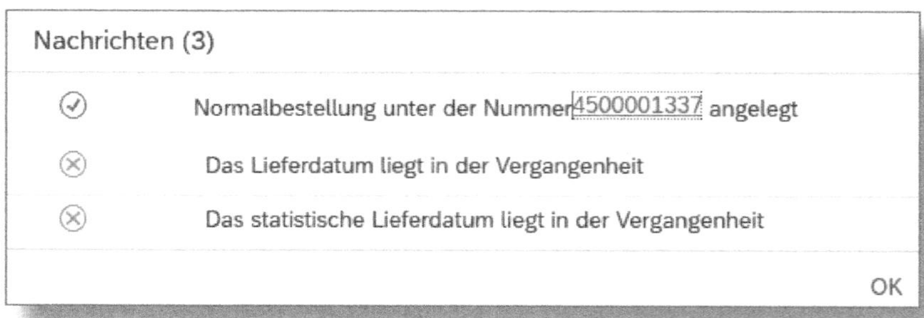

Abbildung 3.14: Pop-up nach dem Sichern der Bestellung

Da die beiden Warnungen bekannt sind, klicken Sie auf OK.

Danach kehren Sie automatisch in die ursprüngliche Ausgangssituation mit den Banfen aus Abbildung 3.11 zurück, wo jetzt nur noch eine verbliebene Banf gelistet sein sollte (ohne Abbildung).

3.4 Bestellungen verwalten

Mit der Fiori-App »Bestellungen verwalten« können Sie Bestellungen anlegen, ändern und anzeigen lassen. Diese App ist die Nachfolge der SAP-ERP-Transaktionen *ME21N*, *ME22N* und *ME23N*.

Einschränkung bei Positionstypen

Die Fiori-App unterstützt (bis zum Release 2022/09) nur Normalbestellungen mit den Positionstypen »_« (Standard), »K« (Konsignation), »L« (Lohnbearbeitung) und »S« (Strecke).

Damit kommen Sie für den Großteil der Geschäftsprozesse gut zurecht.

Wesentliche Vorteile der neuen Fiori-App sind:

- Das System stellt eine Vielzahl dynamisch vorbelegter Felder bereit.
- Es gibt ein Entwurfskonzept, das abgebrochene Sitzungen dokumentiert und Sie befähigt, jederzeit mit dem letzten Stand weiterzumachen.

Als Beispiel für die App »Bestellungen verwalten« bearbeite ich die im vorigen Abschnitt erzeugte Bestellung 4500001337.

In Abbildung 3.15 sehen Sie die Situation gleich nach dem Einstieg, entsprechend der Filterung nach der Bestellnummer. Die App ist direkt nach dem Aufruf im Anzeigemodus, mit Bearbeiten schalten Sie auf den Änderungsmodus um.

Abbildung 3.15: Bestellung verwalten – Allgemeine Informationen

❶ Die Bestellung hat den STATUS *Noch nicht gesendet*, da sie vom Einkauf noch kontrolliert und ggf. geändert wird, bevor sie an den Lieferanten rausgeht.

❷ Der NETTOWERT bezieht sich auf die Gesamtbestellung mit allen Positionen.

Allgemeine Informationen

❸ Diese sind auf die Gesamtbestellung bezogen (Kopfdaten) und beinhalten GRUNDDATEN, Daten zur ORGANISATION und weitere Informationen. In der Regel sind diese Daten durch den Vorbeleg (z. B. Banf) bereits befüllt und müssen zu diesem Zeitpunkt nur noch in Ausnahmefällen ergänzt werden.

Positionen

Wählen Sie die Registerkarte POSITIONEN, und klicken Sie auf die gewünschte Position 10, um in die Detailsicht zu gelangen (ohne Abbildung).

Register »Allgemeine Informationen«

Mit Aufruf der ALLGEMEINEN INFORMATIONEN haben Sie die wichtigsten Positionsdaten vor sich (siehe Abbildung 3.16).

Abbildung 3.16: Bestellung verwalten – Position, allgemeine Informationen

MATERIAL, KURZTEXT und WERK wurden aus der Banf übernommen, dies gilt auch für die folgenden Felder:

❶ Die BESTELLMENGE *KAR* besteht aus *10 ST* (BASISMENGENEINHEIT laut Materialstamm; siehe Abbildung 2.23).

❷ Der BESTELLNETTOPREIS berechnet sich aus der PREISEINHEIT *»1«* per BASISMENGENEINHEIT *»ST«*.

❸ Der BESTELLNETTOWERT ist das Ergebnis einer Berechnung aus den Konditionen der Preisfindung (analysiert die vom System eingestellten Konditionen; diese können aber vom Einkauf manuell übersteuert werden), multipliziert mit der Menge (in unserem Fall »Bestellmenge« x »Basis-ME-Umrechnungsfaktor«).

Register »Lieferadresse«

Die Lieferadresse wird aus den Partnerstammdaten gezogen, kann aber manuell überschrieben bzw. ergänzt werden (ohne Abbildung).

Register »Prozesssteuerung«

Die in den alten SAP-ERP-Transaktionen noch in die Registerkarten »Lieferung« und »Rechnung« aufgeteilte Prozesssteuerung ist nun in einen eigenen Abschnitt übertragen worden (siehe Abbildung 3.17).

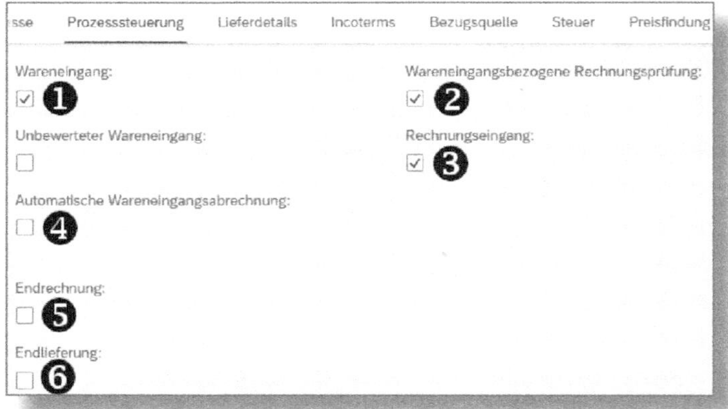

Abbildung 3.17: Bestellung verwalten – Position, Prozesssteuerung

❶ WARENEINGANG: Dieses Kennzeichen bestimmt, ob ein Wareneingang zulässig ist und erwartet wird.

❷ WARENEINGANGSBEZOGENE RECHNUNGSPRÜFUNG: Hier wird festgelegt, ob für diese Position eine wareneingangsbezogene Rechnungsprüfung verlangt wird.

❸ RECHNUNGSEINGANG: Da das Kennzeichen in unserem Beispiel gesetzt ist, fordert das System in weiterer Folge einen Rechnungseingang. Wäre das Kennzeichen nicht aktiv, bedeutete dies eine kostenfreie Lieferung. Im Unterschied dazu wird bei einem Haken im Feld UNBEWERTETER WARENEINGANG der Wert von der Kreditorenabteilung beim Rechnungseingang festgelegt. In der Bestellung wird der Preis quasi als Annahme geführt, was in einer Obligoauswertung zumindest den Vorteil hat, dass die Abweichung sehr gering gehalten wird.

❹ AUTOMATISCHE WARENEINGANGSABRECHNUNG: Hier bietet das SAP-System Funktionalitäten für Warenbewegungen, die mit Ursprungsbelegen (Bestellung) abgeglichen werden und für die eine Eingangsrechnung selbsttätig generiert werden kann – natürlich unter vorheriger Absprache mit dem Lieferanten.

❺ ENDRECHNUNG: Wenn das Kennzeichen gesetzt ist, erwartet das System keine weitere Eingangsrechnung. Bei Bedarf könnten Sie allerdings noch manuelle Buchungen durchführen.

❻ ENDLIEFERUNG: Bei Erreichen der geplanten Bestellmenge unter Berücksichtigung der Toleranzen wird das Kennzeichen vom System automatisch gesetzt. Sie können es aber jederzeit händisch aktivieren, wenn z. B. keine Lieferung mehr erwartet wird, obwohl die Bestellmenge noch nicht erreicht ist.

Register »Lieferdetails«

Hier können Sie eine ÜBERLIEFERUNGSTOLERANZGRENZE, UNTERLIEFERUNGSTOLERANZGRENZE und bei Lagermaterial einen LAGERORT pflegen (ohne Abbildung).

Register »Incoterms«

Die in Abschnitt 2.2.2 (Kreditorenstamm anlegen) bereits beschriebenen Incoterms (siehe Abbildung 2.16) sind auch im Rahmen der Bestellung einsehbar. Beispiele für die von SAP voreingestellten Incoterms sind:

- CFR – Kosten und Fracht
- CIF – Kosten, Versicherung & Fracht
- CIP – Frachtfrei versichert
- CPT – Frachtfrei
- DAF – Geliefert Grenze

- DAP – Geliefert benannter Ort
- DAT – Geliefert Terminal
- DDP – Geliefert verzollt
- DDU – Geliefert unverzollt
- DES – Geliefert ab Schiff
- EXW – Ab Werk
- FCA – Frei Frachtführer
- FH – Frei Haus

Register »Bezugsquelle«

Abbildung 3.18 sehen Sie die Einflussfaktoren der Bezugsquellenfindung in der Bestellposition.

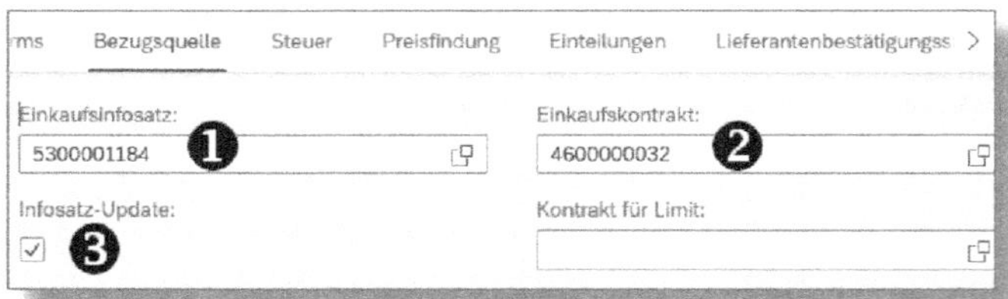

Abbildung 3.18: Bestellung verwalten – Position, Bezugsquelle

❶ Das System zeigt hier den in Abschnitt 2.3.1 angelegten EINKAUFSINFOSATZ.

❷ Auch der EINKAUFSKONTRAKT (aus Abschnitt 2.3.2) wurde übernommen. Die Daten des Kontrakts haben gegenüber dem Infosatz eine höhere Priorität (siehe Bezugsquellenfindung in Abschnitt 3.2.1).

❸ Das INFOSATZ-UPDATE-Kennzeichen steuert, wie in dieser bzw. zukünftigen Bestellungen mit dem Infosatz verfahren wird, und zwar gemäß folgender Varianten:

- Ist noch kein Infosatz vorhanden, so wird ein neuer angelegt.

- Bei vorhandenem Infosatz wird dieser aktualisiert.
- Existieren bereits zwei Infosätze, einer werksbezogen und einer ohne Werksbezug, dann wird der werksbezogene Infosatz aktualisiert.

Register »Steuer«

Die wichtigsten Schlüssel für Steuerkennzeichen sind im SAP-System voreingestellt; sehen Sie hier einige Beispiele:

- E1 – 19 % Erwerbssteuer für EU-Warenlieferungen
- E2 – 7 % Erwerbssteuer für EU-Warenlieferungen
- E3 – 0 % Erwerbssteuer für EU-Warenlieferungen
- N1 – Vorsteuer 19 % nicht abzugsfähig, zuordenbar
- NA – Vst 19 % zu 100 % nicht abzugsfähig nicht zuordb.
- U1 – 19 % Importsteuer (Einfuhrumsatzsteuer)
- U2 – 7 % Importsteuer (Einfuhrumsatzsteuer)
- V0 – 0 % Eingangssteuer nicht steuerbar
- V1 – 19 % Eingangssteuer Inland
- V2 – 7 % Vorsteuer Inland

Das Steuerkennzeichen wird von der Rechnungsprüfung benötigt. Der Einkauf gibt dieses Kennzeichen üblicherweise nur dann vor, wenn mit der Buchhaltung Vereinbarungen für automatisierte Prozesse getroffen wurden.

Register »Preisfindung«

Die *Preisfindung* ist ein umfangreiches Regelwerk, in dem bereits in den Einstellungen (Customizing) Kalkulationsschemen definiert sind, die eine genaue Schrittfolge für die Findung der möglichen Konditionsarten berücksichtigen. Diese werden für Netto- oder Effektivpreisberechnungen verwendet.

Der Einkauf hat jedoch die Möglichkeit, neue bzw. zusätzliche Konditionsarten hinzuzufügen, so z. B. Rabatte. Wann immer manuelle Eingriffe in die Preisfindung erfolgen oder eine neue Preisfindung angestoßen wird, sind deren Auswirkungen zu kontrollieren und ob die gewünschten Konditionen nach wie vor in der Berechnung berücksichtigt werden.

Im Großen und Ganzen sollte die Preisfindung aber stets automatisch ablaufen.

Register »Einteilungen«

In Abbildung 3.19 sehen Sie als Vorschlag das LIEFERDATUM und die EINTEILUNGSMENGE von unserer Position.

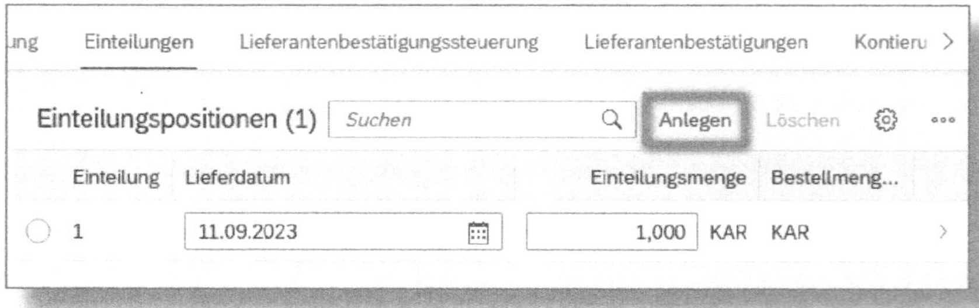

Abbildung 3.19: Bestellung verwalten – Position, Einteilungen

Falls Sie eine Bestellposition auf mehrere Lieferdaten aufgliedern wollen, können Sie mittels Anlegen beliebig viele Einteilungen erstellen.

Register »Lieferantenbestätigungssteuerung«

In diesem Abschnitt nehmen Sie die Steuerung für die Lieferantenbestätigung vor (siehe Abbildung 3.20).

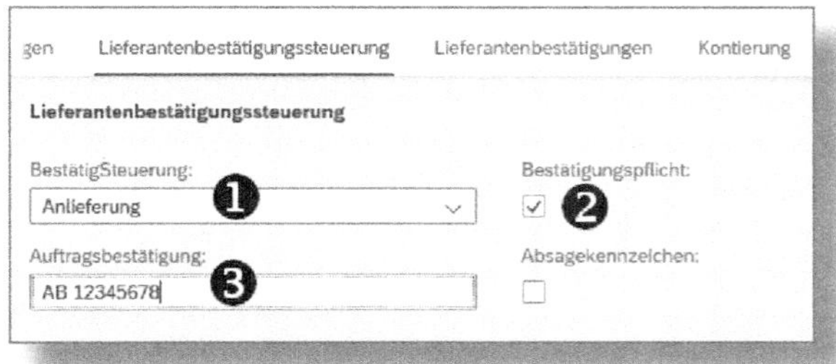

Abbildung 3.20: Bestellung verwalten – Position, Lieferantenbestätigungssteuerung

➊ Mit dem Schlüssel BESTÄTSTEUERUNG bestimmen Sie, ob und in welcher Weise eine Bestätigung erfolgen soll. Zwei gängige Optionen sind beispielsweise:

- *Anlieferung (Avis)*: Der Wareneingang bezieht sich auf ein vorhandenes Avis; fehlt dieses, wird der Wareneingang blockiert.
- *Auftragsbestätigung*: In Kombination mit der BESTÄTIGUNGSPFLICHT wird im Fall eines Versäumnisses seitens des Lieferanten eine Mahnung verschickt.

➋ Das Kennzeichen BESTÄTIGUNGSPFLICHT legt fest, ob vom Lieferanten gemäß BESTÄTSTEUERUNG eine Bestätigung gefordert wird.

➌ Wenn Sie vom Lieferanten eine AUFTRAGSBESTÄTIGUNG verlangen, dann können Sie in dieses Feld z. B. eine Eingangsnummer oder das Datum des Eintreffens eingeben. In diesem Fall tragen Sie im nächsten Register LIEFERANTENBESTÄTIGUNGEN nichts ein.

Das ABSAGEKENNZEICHEN könnten Sie im Fall einer mit dem Lieferanten vereinbarten Absage setzen, solange noch kein Wareneingang erfolgt ist.

Register »Lieferantenbestätigungen«

Sobald Sie die Bestellung an den Lieferanten gesendet haben, können Sie an dieser Stelle die Lieferantenbestätigung eintragen (siehe Abbildung 3.21).

Abbildung 3.21: Bestellung verwalten – Position, Lieferantenbestätigungen

Die BESTÄTIGUNG vom Typ *LA* (Lieferavis) wird im Zuge des Wareneingangsprozesses – rechtzeitig vor dem Wareneingang – mit der Fiori-App »Anlieferung zur Bestellung« oder mit der SAP-GUI-Transaktion *VL34* erfasst.

Die Abbildung 3.2.1 zeigt zu Demonstrationszwecken die Situation nach der Bearbeitung der Bestellung.

Register »Kontierung«

Das Beispiel in diesem Abschnitt stammt aus einer anderen Bestellung als der bisher gezeigten. Der Grund ist, dass bei Lagermaterial – wie in Abschnitt 3.4 beschrieben – keine Kontierung in der Bestellung vorgesehen ist, sondern eine Zuordnung erst später beim Verbrauch erfolgt.

Die Registersicht KONTIERUNG öffnet sich daher nur bei Bestellpositionen, bei denen ein Kontierungsobjekt erwartet wird (siehe Abbildung 3.22).

Abbildung 3.22: Bestellung verwalten – Position, Kontierung

❶ Die Bestellposition enthält ein *Verbrauchsmaterial*, das auf die KOSTENSTELLE *10101501* kontiert werden soll.

❷ SAP bietet generell den Vorteil einer *automatischen Kontenfindung* (buchhalterisch relevante Vorgänge der Bestandsführung und Rechnungsprüfung werden automatisch mit dem vorgesehenen Sachkonto bebucht), deshalb wird an dieser Stelle ein SACHKONTO benötigt.

Register »Notizen«

Notizen können Sie beispielsweise bereits im Infosatz, im Kontrakt oder in der Banf vorgeben – oder aber hier unter NOTIZEN (siehe Abbildung 3.23).

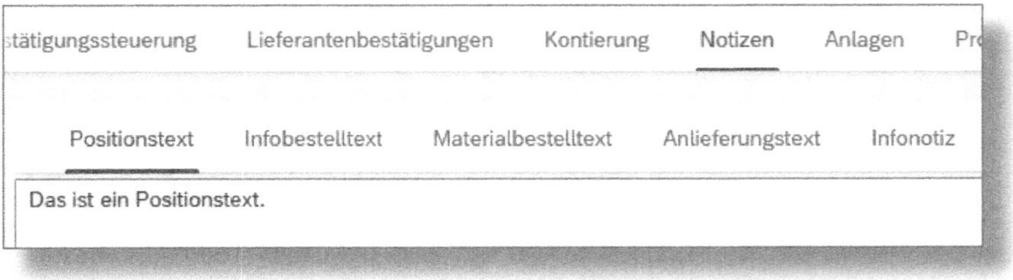

Abbildung 3.23: Bestellung verwalten – Position, Notizen

POSITIONSTEXT, INFOBESTELLTEXT, MATERIALBESTELLTEXT und ANLIEFERUNGSTEXT erscheinen im Bestellformular in der Position, sofern das in Ihrem System so eingestellt wurde (dies geschieht auf Anforderung des Einkaufs und wird von einem Formularentwickler umgesetzt). Die INFONOTIZ wird in der Regel vom Bedarfsanforderer ausschließlich als interne Notiz angelegt.

Register »Anlagen«

Sie können beliebig viele Anlagen hochladen. Welche Formate möglich sind, erklärt Ihnen Ihr Administrator. Abbildung 3.24 zeigt beispielhaft die Konstruktionszeichnung als Bilddatei.

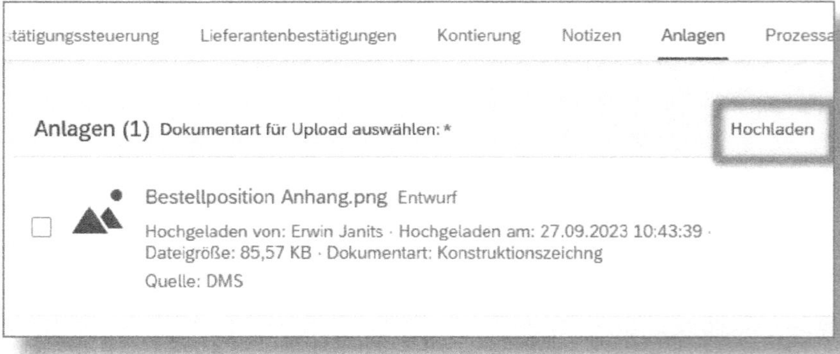

Abbildung 3.24: Bestellung verwalten – Position, Anlagen

Klicken Sie auf HOCHLADEN, und wählen Sie aus Ihrem jeweiligen Verzeichnis die gewünschte Datei.

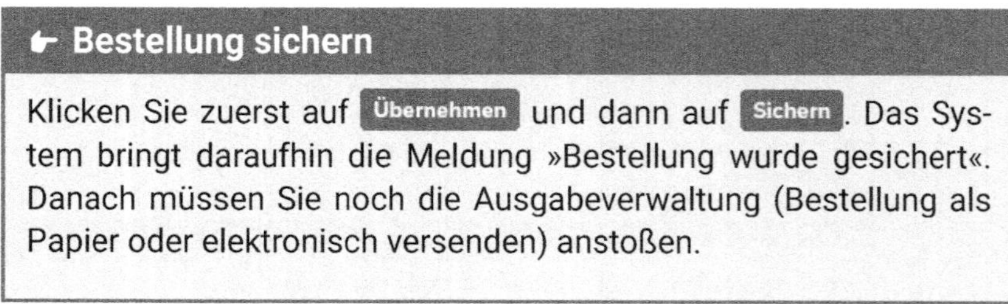

☛ Bestellung sichern

Klicken Sie zuerst auf **Übernehmen** und dann auf **Sichern**. Das System bringt daraufhin die Meldung »Bestellung wurde gesichert«. Danach müssen Sie noch die Ausgabeverwaltung (Bestellung als Papier oder elektronisch versenden) anstoßen.

Register »Prozessablauf«

Hier können Sie wunderbar den Prozessablauf verfolgen sowie in die einzelnen, zu diesem Zeitpunkt bereits vorhandenen Dokumente abspringen und diese im Detail ansehen (siehe Abbildung 3.25).

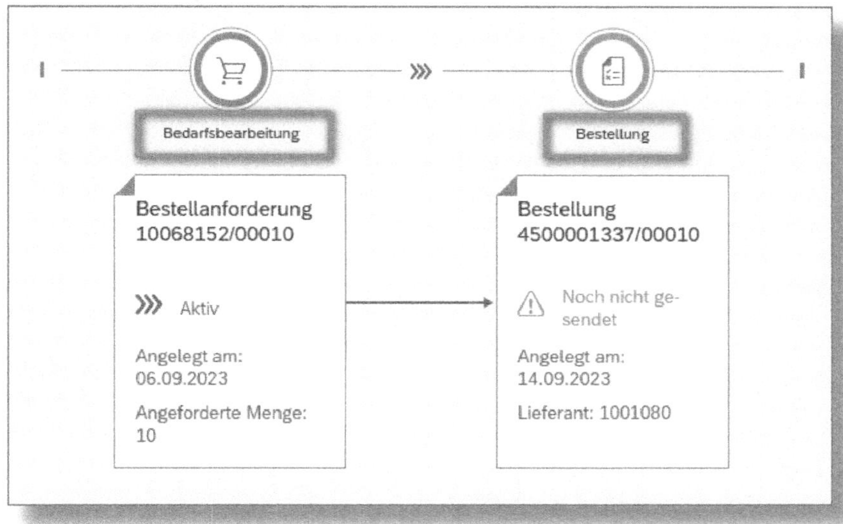

Abbildung 3.25: Bestellung verwalten – Position, Prozessablauf

Bis zu diesem Zeitpunkt sehen Sie den Status der BEDARFSBEARBEITUNG und der BESTELLUNG. Die weiteren Verarbeitungsprozesse *Wareneingang* und *Rechnungsprüfung* folgen.

Ausgabeverwaltung

Für die Ausgabeverwaltung ist in SAP S/4HANA mit *BRFplus* (engl.: Business Rule Framework, dt.: Geschäftsregelverwaltungssystem) eine neue Technik verfügbar, Sie können aber nach wie vor die *Nachrichtenfindung* aus SAP ERP (eine Technik basierend auf der Tabelle NAST) verwenden.

Wesentliche Vorteile von *BRFplus* sind die einfachere Erweiterbarkeit des Regelwerks, eine Mehrmandantenfähigkeit und eine modifikationsfreie Konfiguration (Programmcode muss nicht angepasst bzw. verändert werden).

Die Formulare betreffend, empfiehlt SAP in SAP S/4HANA den Einsatz von Adobe Forms (PDF), Sie können aber auch weiterhin mit den in SAP ERP verwendeten Tools *SmartForms* und *SAPScript* arbeiten.

Im Folgenden zeige ich Ihnen die Ausgabeverwaltung anhand unseres Beispiels mit der Fiori-App »Bestellungen verwalten«; ich steige gleich auf Kopfebene ein (siehe Abbildung 3.26).

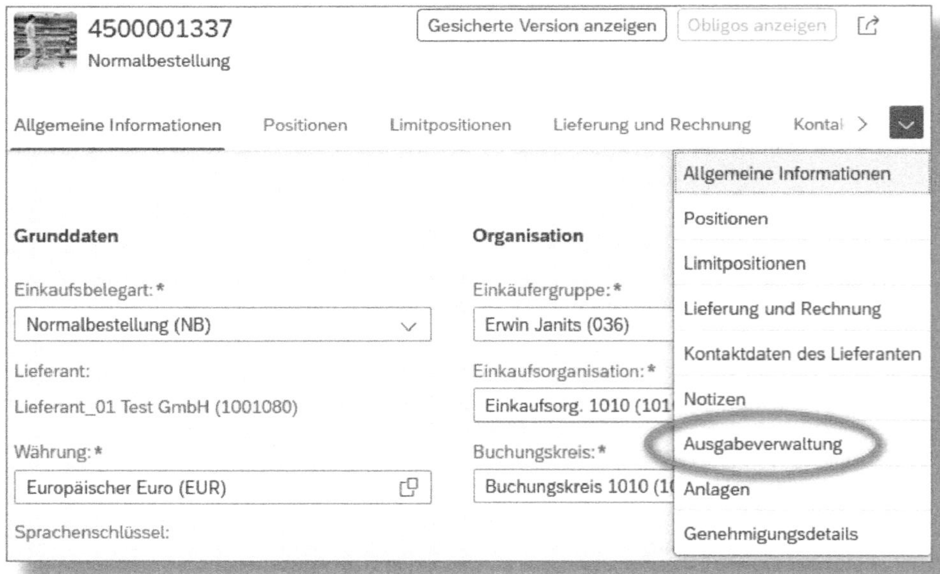

Abbildung 3.26: Bestellung verwalten – Ausgabeverwaltung, Einstieg

Als Nächstes klicken Sie im Register AUSGABEVERWALTUNG auf AUSGABEDETAILS ÖFFNEN, Sie gelangen damit in die Übersicht der Nachrichtenausgabe (siehe Abbildung 3.27).

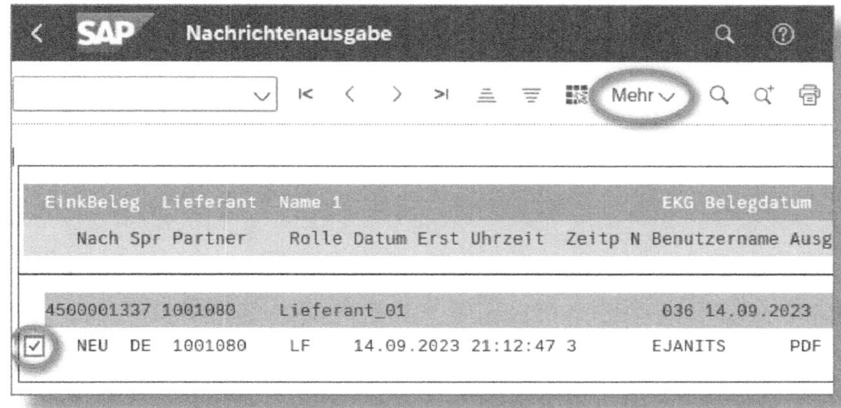

Abbildung 3.27: Bestellung verwalten – Nachrichtenausgabe

Nachricht anzeigen

Um eine Nachricht anzuzeigen, markieren Sie Ihren Einkaufsbeleg, klappen die Auswahltabelle MEHR auf und wählen NACHRICHT ANZEIGEN (falls Sie ein breites Bildschirmformat haben, erscheint der Menüpunkt direkt).

Sie sehen nun eine typische SAP-Bestellung in der PDF-Druckansicht (siehe Abbildung 3.28).

❶ LIEFERANT mit Namen und Adresse

❷ Die Anlieferadresse finden Sie im Register KONTAKTDATEN DES LIEFERANTEN im Bestellkopf

❸ Bestellpositionsdaten wie in der Positionsüberschrift angeführt

❹ POSITIONSTEXT wie im Register NOTIZEN erfasst (siehe Abbildung 3.23)

❺ ANLIEFERUNGSTEXT ebenso wie im Register NOTIZEN erfasst

❻ Dokumente wie im Register ANLAGEN angehängt (siehe Abbildung 3.24)

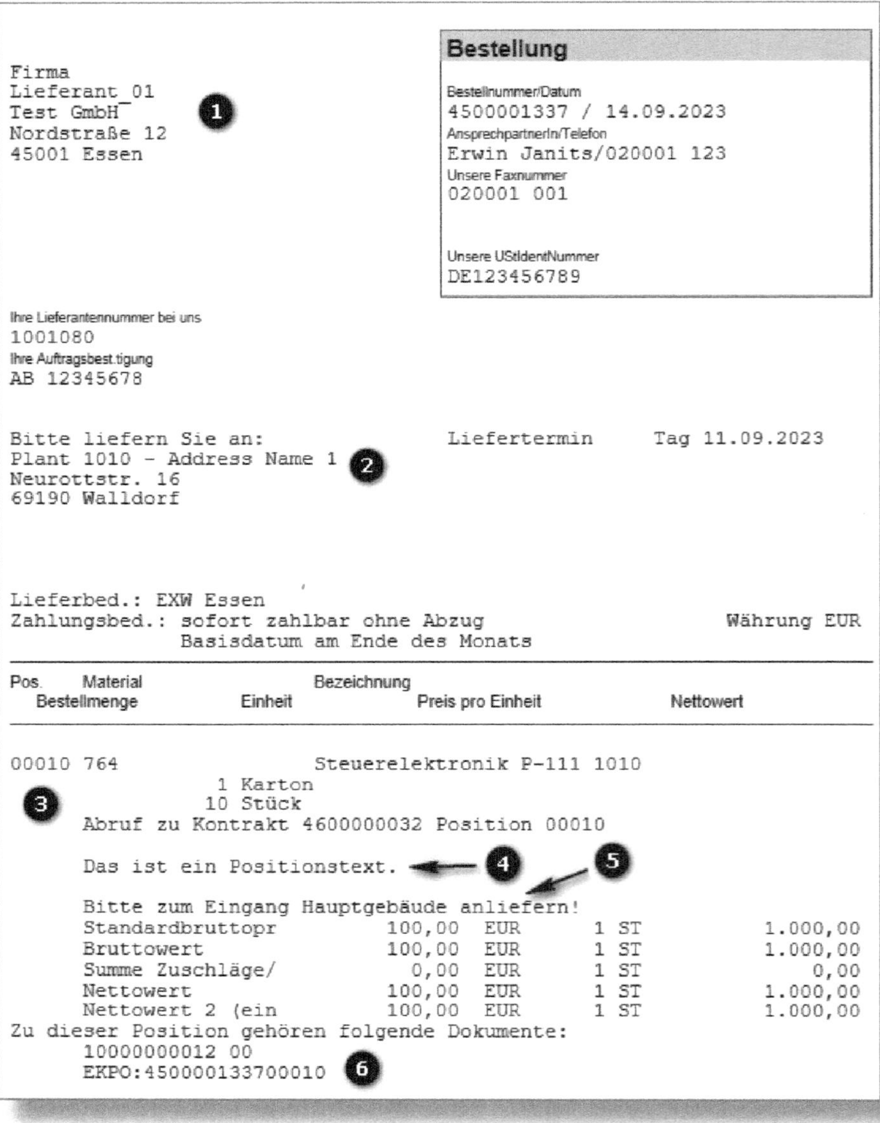

Bestellung

Bestellnummer/Datum
4500001337 / 14.09.2023
AnsprechpartnerIn/Telefon
Erwin Janits/020001 123
Unsere Faxnummer
020001 001

Unsere UStIdentNummer
DE123456789

Firma
Lieferant_01
Test GmbH
Nordstraße 12
45001 Essen

Ihre Lieferantennummer bei uns
1001080
Ihre Auftragsbest.tigung
AB 12345678

Bitte liefern Sie an:
Plant 1010 - Address Name 1
Neurottstr. 16
69190 Walldorf

Liefertermin Tag 11.09.2023

Lieferbed.: EXW Essen
Zahlungsbed.: sofort zahlbar ohne Abzug
Basisdatum am Ende des Monats

Währung EUR

Pos. Material Bezeichnung
Bestellmenge Einheit Preis pro Einheit Nettowert

00010 764 Steuerelektronik P-111 1010
1 Karton
10 Stück
Abruf zu Kontrakt 4600000032 Position 00010

Das ist ein Positionstext.

Bitte zum Eingang Hauptgebäude anliefern!

Standardbruttopr	100,00	EUR	1	ST	1.000,00
Bruttowert	100,00	EUR	1	ST	1.000,00
Summe Zuschläge/	0,00	EUR	1	ST	0,00
Nettowert	100,00	EUR	1	ST	1.000,00
Nettowert 2 (ein	100,00	EUR	1	ST	1.000,00

Zu dieser Position gehören folgende Dokumente:
10000000012 00
EKPO:450000133700010

Abbildung 3.28: Bestellung verwalten – Nachrichtenausgabe als PDF

Nachricht ausgeben

Für eine Nachrichtenausgabe markieren Sie Ihren Einkaufsbeleg, klappen die Auswahltabelle MEHR auf (siehe Abbildung 3.27) und wählen NACHRICHT AUSGEBEN. Je nach Bedarf und Einstellungen in Ihrem System werden die Bestellungen gedruckt oder elektronisch weiterverarbeitet.

Verzweigen Sie nun auf den Einstiegsbildschirm, wie in Abbildung 3.26 zu sehen, und klicken dort unten rechts auf Bestellen (Taste nicht im Bild). Nun hat die Bestellung den Status GESENDET (siehe Abbildung 3.29). Sie erhalten zusätzlich die Meldung »Bestellung wurde gesichert«.

Abbildung 3.29: Bestellung verwalten – Status »Gesendet«

3.5 Statusverwaltung/Nachverfolgung Bestellung

In diesem Abschnitt lernen Sie einige interessante Apps kennen, mithilfe derer Sie sich einen aktuellen Überblick über die Bestellentwicklung verschaffen sowie direkt in die jeweiligen Bearbeitungsprozesse einsteigen können.

3.5.1 Beschaffungsübersicht

Die Fiori-App »Beschaffungsübersicht« ermöglicht Ihnen eine umfassende und maßgeschneiderte Darstellung aller für Sie relevanten Informationen und Aufgaben zu Bestellungen. Sie setzen sich die Übersicht entweder aus den gewünschten Themen in Form von *Karten* (siehe Abbildung 3.32) selbst zusammen oder verwenden die Standardeinstellung. Mithilfe von verschiedenen grafischen Symbolen und hervorgehobenen Zahlen überblicken Sie schnell die jeweilige Situation und können somit sehr rasch agieren und reagieren, indem Sie direkt in die entsprechende App abspringen, um den Fall gleich zu bearbeiten.

Steigen Sie in die Fiori-App »Beschaffungsübersicht« ein (siehe Abbildung 3.30).

Abbildung 3.30: Beschaffungsübersicht – Einstieg

Klappen Sie oben rechts Ihr Profil auf, und wählen Sie KARTEN VERWALTEN. Als Nächstes erscheint ein Pop-up mit allen möglichen Karten; in Abbildung 3.31 finden Sie einen Überblick beispielhaft aktivierter Karten.

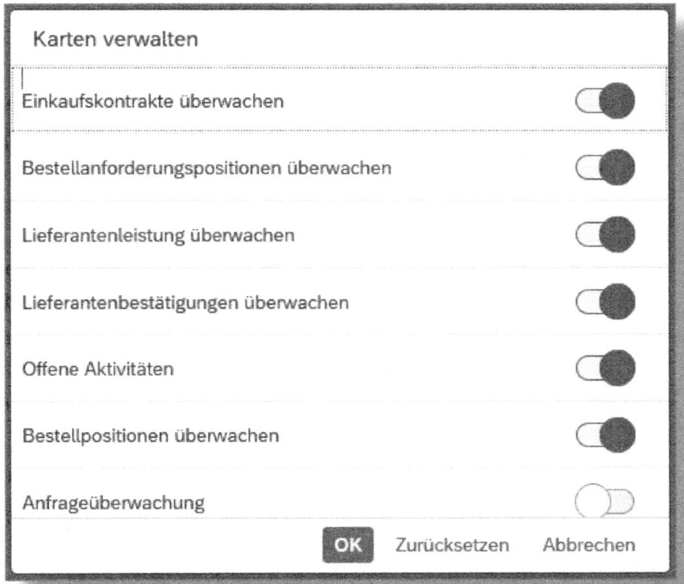

Abbildung 3.31: Beschaffungsübersicht – Karten verwalten

Drücken Sie auf OK, und das (vorläufige) Ergebnis erscheint (siehe Abbildung 3.32). Sie können nun die Karten nach Belieben mithilfe der Drag-and-drop-Funktion verschieben oder die Größe verändern. Experimentieren Sie, wie sich mittels der smarten grafischen Funktionalität dieser App Inhalte anpassen und verändern lassen.

Wie Sie Ihre Karten organisieren, bleibt Ihnen überlassen. Beispielsweise könnten Sie die Karte OFFENE AKTIVITÄTEN, wie in Abbildung 3.32 rechts unten zu sehen, hervorheben und nach links oben verschieben.

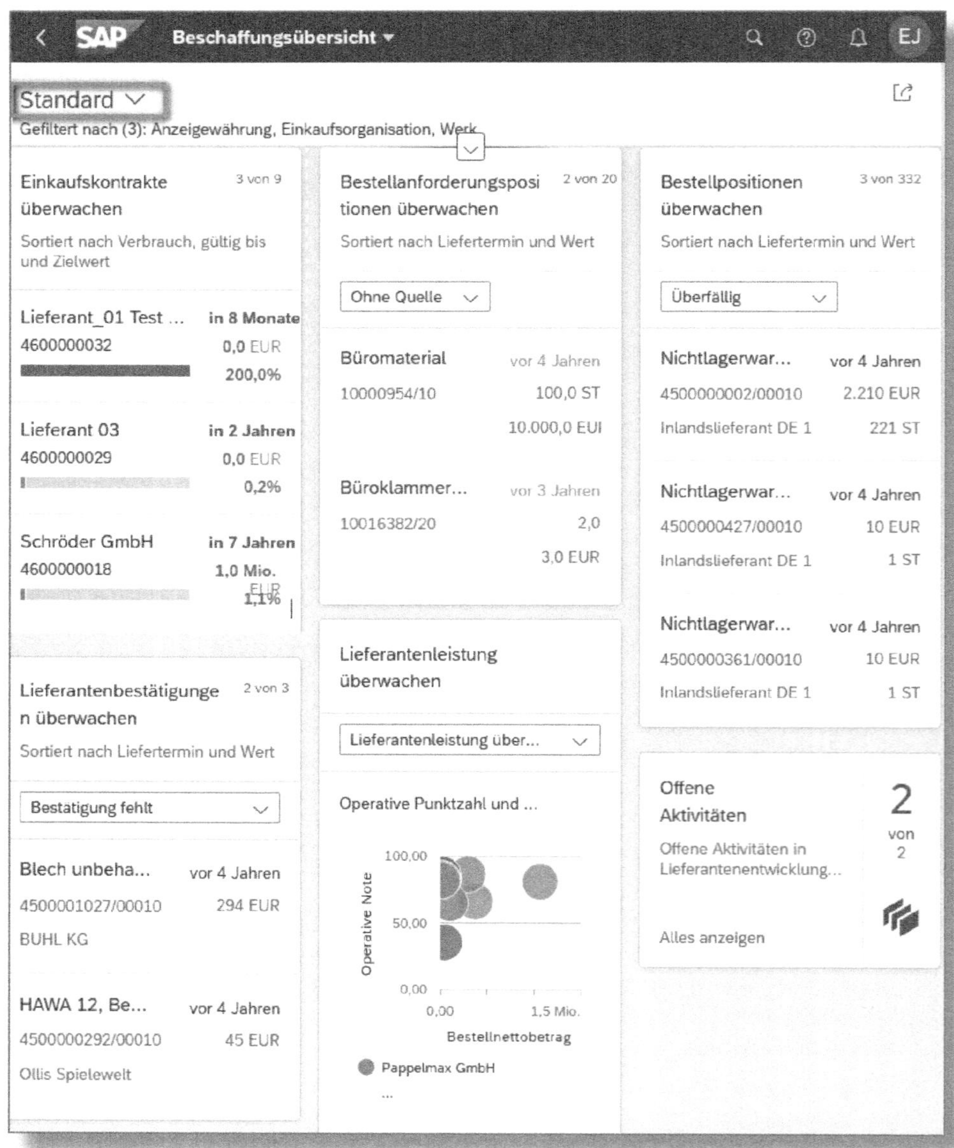

Abbildung 3.32: Beschaffungsübersicht mit gewählten Karten

Wenn Sie mit Ihrer Ansicht zufrieden sind, sichern Sie diese mit einem Klick auf STANDARD (oben links), und benennen Sie Ihre neue ANSICHT (siehe Abbildung 3.33). Optional können Sie noch das Kennzeichen AUTOMATISCH ANWENDEN markieren, damit bei zukünftigen Einstiegen sofort die gewünschte Ansicht erscheint. Abschließend Sichern nicht vergessen!

Abbildung 3.33: Beschaffungsübersicht – persönliche Ansicht

3.5.2 Statusverfolgung für Anforderer

Der *Bestellanforderer* kann seine Banfen mit der speziellen Fiori-App »Bestellanforderungspositionen überwachen« (alte SAP-ERP-Transaktion *MEA5 – Listanzeige*) kontrollieren und bei Bedarf direkt in die jeweilige Weiterbearbeitung navigieren (siehe Abbildung 3.34).

Für die Anzeige der Banfen steht Ihnen eine umfangreiche Auswahl an *Diagrammtypen* zur Verfügung. Klicken Sie auf ••• (Mehr) und (Diagrammtyp – das Symbol wechselt je nach dem gerade eingestellten Diagrammtyp), und wählen Sie aus verschiedenen Variationen von Balken-, Säulen-, Linien-, Kreis-, Ring-, Streu- und Wasserfalldiagrammen.

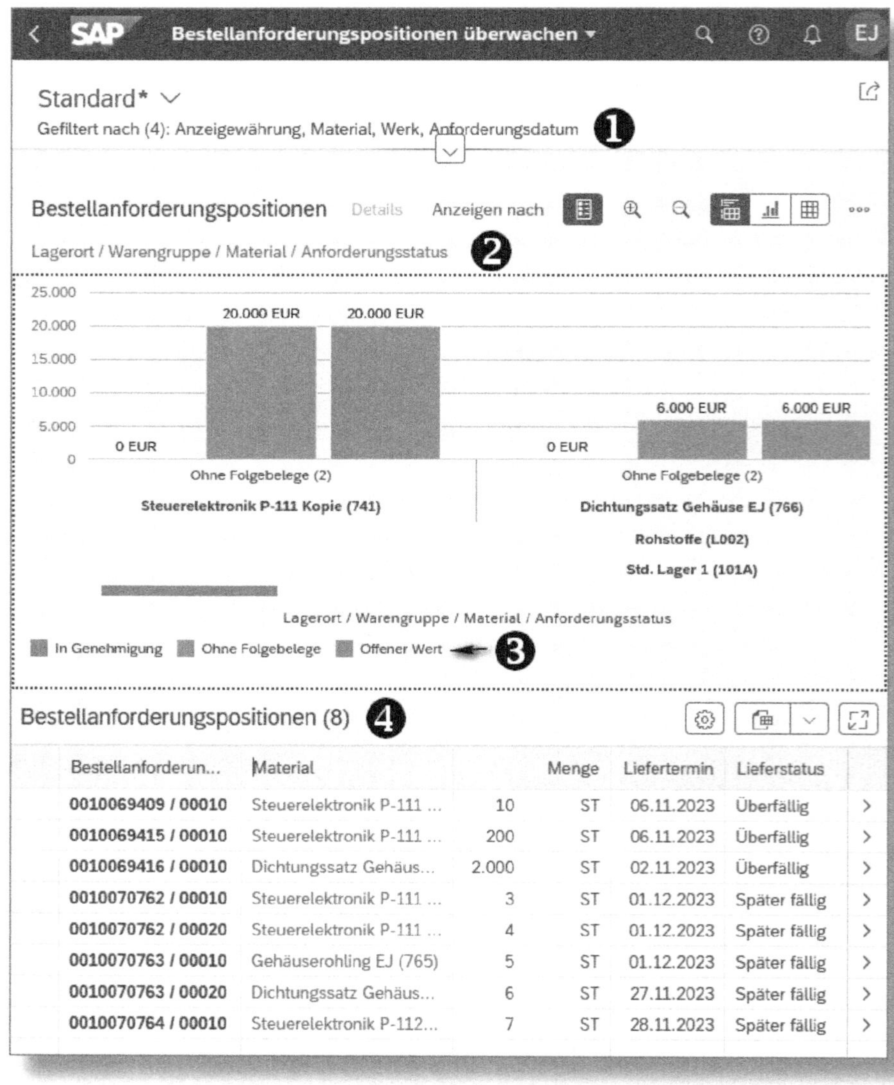

Abbildung 3.34: Bestellanforderungspositionen überwachen

❶ Die Anzeige ist GEFILTERT NACH vier Kriterien: ANZEIGEWÄHRUNG *EUR*, bestimmten MATERIALnummern, dem WERK und einem Zeitraum für das ANFORDERUNGSDATUM.

❷ Die Kategorien (Aufriss) LAGERORT, WARENGRUPPE, MATERIAL und ANFORDERUNGSSTATUS (nur einige Beispiele aus vielen) können Sie selbst mit Klick auf ∘∘∘ und ⚙ (EINSTELLUNGEN) zusammenstellen. Im erscheinenden Pop-up ANSICHTSEINSTELLUNGEN (ohne Abbildung) legen Sie Ihre gewünschten Felder und Layoutoptionen fest.

❸ Legende: Die Felder/Kennzahlen für die Achsen erreichen Sie ebenfalls mit Klick auf die Icons ∘∘∘ und ⚙, in unserem Beispiel sind dies die Balken IN GENEHMIGUNG, OHNE FOLGEBELEGE und OFFENER WERT. Die Legende können Sie über ▤ ein- oder ausblenden.

❹ Auch die Spalten der BESTELLANFORDERUNGSPOSITIONEN konfigurieren Sie über ⚙. Im Beispiel zeige ich Ihnen eine Auflistung nach Bestellanforderungsposition (BESTELLANFORDERUN...), MATERIAL, MENGE, LIEFERTERMIN sowie LIEFERSTATUS. Das System bietet Ihnen ca. 95 Optionen für die Spalteneinstellung an.

3.5.3 Belegfluss anzeigen

Mit der Fiori-App »Belegfluss anzeigen« erhalten Sie, grafisch aufbereitet, einen übersichtlichen Belegfluss von der Anforderung bis zu den Hauptbuchbuchungsbelegen (siehe Abbildung 3.35).

Nach dem Einstieg wählen Sie optional eine BELEGART ❶ (Banf, Bestellung, Wareneingang, Logistik Rechnung etc.), geben die BELEGNUMMER ein und drücken Start.

Das System zeigt Ihnen nun alle bereits vorhandenen Belege unter der Registerkarte OPERATIVER BELEGFLUSS ❷, wobei der Kasten mit der gesuchten Belegnummer ❹ aktiv und daher dunkel bzw. blau hinterlegt ist. Bei aktiven Kästen befinden sich an der rechten Seite zudem ein oder mehrere Symbole mit verschiedenen Funktionen (in Abbildung 3.35 ist beispielhaft die Detailfunktion dargestellt).

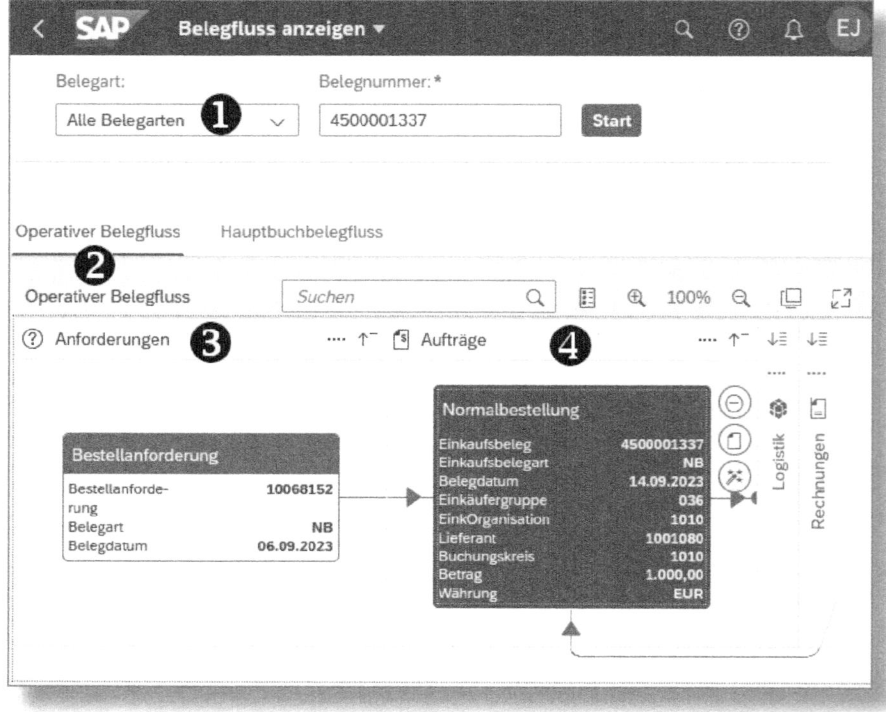

Abbildung 3.35: Fiori-App »Belegfluss anzeigen«

❸ Unter ANFORDERUNGEN sehen Sie die Übersichtsdaten der BESTELLANFORDERUNG. Wenn Sie auf diesen Kasten klicken, erscheint am rechten Rand u. a. das Symbol für Details (analog zum Kasten NORMALBESTELLUNG). Sie haben jetzt die Möglichkeit, direkt in Apps wie »Bestellanforderungen bearbeiten« oder »Bestellanforderungen verwalten – Professionell« zu verzweigen.

❹ AUFTRÄGE: Hier finden Sie die Übersichtsdaten für die NORMALBESTELLUNG. Mit Klick auf gelangen Sie in verwandte Apps wie »Bestellungen verwalten« oder »Wareneingang zu Einkaufsbeleg buchen«.

Die beschriebene Funktionalität existiert analog bei allen anderen Kästen einer Belegflussanzeige.

In weiterer Folge klappen Sie die ANFORDERUNGEN ❸ und AUFTRÄGE ❹ mithilfe des Symbols ↑ zu und öffnen LOGISTIK ❺ sowie RECHNUNGEN ❻ über ↓≡ (siehe Abbildung 3.36).

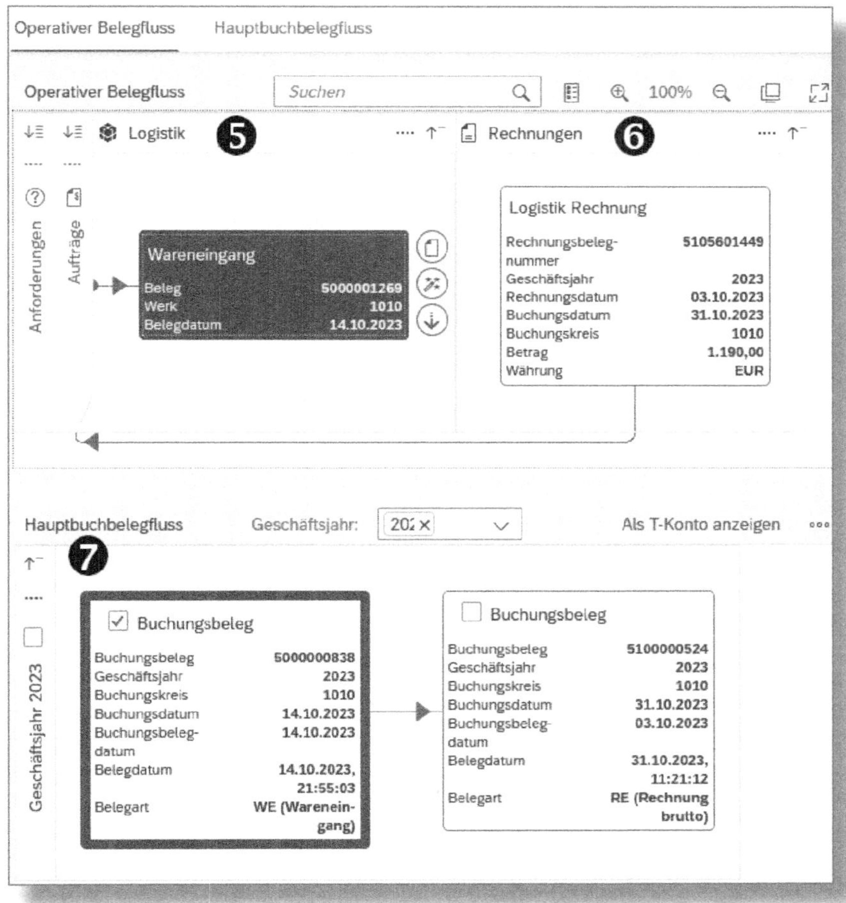

Abbildung 3.36: Fiori-App »Belegfluss anzeigen« – Fortsetzung

In diesem fortgesetzten Belegfluss sehen Sie wieder die Registerkarte OPERATIVER BELEGFLUSS und unterhalb hinzugekommen den HAUPTBUCHBELEGFLUSS ❼.

> **! Bitte beachten Sie**
>
> Die Belege für LOGISTIK und RECHNUNGEN stehen erst zur Verfügung, wenn Wareneingang und Rechnungsprüfung durchgeführt wurden. Sie sind hier vorgreifend abgebildet, um Ihnen den Zusammenhang aufzuzeigen.

❺ LOGISTIK: Hier stehen Ihnen für den WARENEINGANG dieselben Anzeigeoptionen zur Verfügung, wie sie schon für Anforderungen und Aufträge beschrieben wurden. Bitte beachten Sie, dass dieser Kasten markiert ist (dunkel bzw. blau hinterlegt) und folglich der zugehörige BUCHUNGSBELEG im HAUPTBUCHBELEGFLUSS stark gerahmt ist.

❻ RECHNUNGEN: Die LOGISTIK RECHNUNG (Eingangsrechnung) ermöglicht Ihnen ebenfalls die Anzeigefunktionalitäten, wie sie in den vorigen Belegen gezeigt wurden.

❼ HAUPTBUCHBELEGFLUSS: Hier zeigt sich die Trennung zwischen Einkauf/Bestandsführung und der Buchhaltung. Diese Buchungsbelege werden immer im Hintergrund der operativen Beschaffungsprozesse für die Buchhaltung bereitgestellt.

Die App »Belegfluss anzeigen« bietet darüber hinaus viele weitere Funktionalitäten, ganz nach Ihren Bedürfnissen und Anforderungen. Die App ist weitestgehend selbsterklärend, sodass ich Sie ermutigen möchte, sich auf eigene Entdeckungstour zu begeben.

3.6 Freigabeverfahren

In SAP S/4HANA steht für Genehmigungsprozesse eine Reihe an Fiori-Apps für die verschiedensten Beschaffungsobjekte (z. B. Rahmenverträge, Bestellanforderung, Bestellung, Eingangsrechnung) zur Verfügung. Sie finden diese Apps für den Genehmigungsworkflow in der Kachelgruppe »Einkaufskonfiguration«.

Typische Genehmigungsszenarien sind von SAP vorkonfiguriert, wie z. B. für

- zuständige Einkäufer,
- Linienvorgesetzte (durch Auswertung der Berichtslinie),
- Benutzer, denen eine bestimmte Rolle zugeordnet ist,
- Kostenstellen,
- BRFplus-verwaltete Personen/Objekte.

Im Vorfeld sollten Sie sich vergewissern, dass im *SAP Customizing Einführungsleitfaden* die zur Nutzung der Genehmigungs-Apps notwendigen Einstellungen vorgenommen wurden; diese sind zu finden unter dem Customizing-Pfad SPRO • MATERIALWIRTSCHAFT • EINKAUF • BESTELLUNG • FLEXIBLER WORKFLOW FÜR BESTELLUNGEN. Beschreibungen zu jedem Punkt erhalten Sie per Klick auf [Symbol].

3.6.1 Genehmigungsprozesse verwalten

Wenn Sie einen Genehmigungsprozess für Bestellungen neu angelegt oder einen bestehenden Prozess kopiert haben, und nun Benutzer (Verantwortliche) zuordnen sowie Bedingungen festlegen wollen, dann bietet Ihnen SAP S/4HANA dafür die Fiori-App »Workflows für Bestellungen verwalten«. Dieser Prozess wird in der Regel von Workflow-Spezialisten durchgeführt. In Abbildung 3.37 sehen Sie ein Beispiel für eine einfache *Bestellfreigabe*, die von einem bereits bestehenden Workflow kopiert wird.

Im Register KOPF vergeben Sie nun den neuen Workflow-Namen (ohne Abbildung).

Das Register EIGENSCHAFTEN enthält ein Textfeld für eine Beschreibung des Genehmigungsverfahrens (ohne Abbildung). Zusätzlich pflegen Sie dort noch das Gültig-von- und das Gültig-bis-Datum.

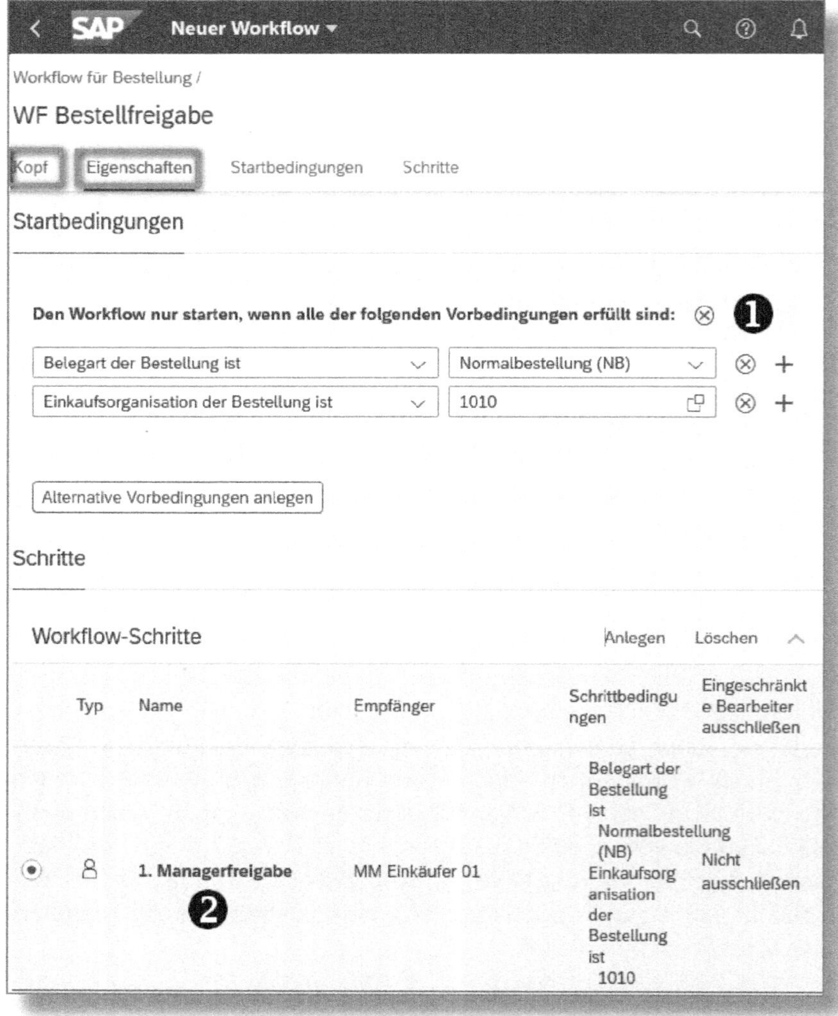

Abbildung 3.37: Workflow »Bestellfreigabe«

❶ Register STARTBEDINGUNGEN: Das System stellt hier verschiedene Optionen für Vorbedingungen zur Auswahl bereit, etwa die:

- Belegart der Bestellung ist *Normalbestellung (NB)* oder die
- Einkaufsorganisation der Bestellung ist *1010*.

❷ Für die WORKFLOW-SCHRITTE pflegen Sie in der Spalte NAME als ersten Schritt die *Managerfreigabe* und als EMPFÄNGER *MM Einkäufer 01*. Zusätzlich können Sie noch SCHRITTBEDINGUNGEN und EINGESCHRÄNKTE BEARBEITER AUSSCHLIESSEN pflegen.

Am Ende klicken Sie auf Sichern und Aktivieren in der Übersicht den Workflow.

3.6.2 Genehmigung via Workflow-Inbox

Die Fiori-App »Meine Inbox« zeigt Ihnen immer die aktuellen Workflow-Positionen zu jedem Objekt an, das Ihrem Profil zugeordnet ist. Ich beschreibe Ihnen exemplarisch die wichtigsten Funktionen anhand einer Rechnungsfreigabe (siehe Abbildung 3.38).

Abbildung 3.38: Workflow »Meine Inbox«

❶ Über den Menüpunkt NAVIGATION selektieren Sie Ihre Belege nach Nummern.

❷ Im Beispiel hat sich der angemeldete Benutzer BUSINESS WORKFLOW USER diese Rechnung RESERVIERT, damit keine anderen Benutzer den Workflow parallel bearbeiten.

❸ In dieser Zeile haben Sie folgende Anzeigeoptionen (von links nach rechts):

- wichtigste Daten zum bearbeiteten Beleg (Infosymbol)
- auf diesen Workflow bezogene Kommentare (rechts oberhalb vom Symbol sehen Sie immer die Anzahl, in diesem Fall »0«)
- eventuell angehängte Anlagen/Dokumente (aktuell »0«)
- Verlinkung zu Belegen (aktuell »1«) im Kontext, z. B. Absprung in die Bestellung mit allen Navigationsmöglichkeiten

❹ In der Fußleiste sehen Sie die situationsabhängigen Optionen für Aktivitäten:

- GENEHMIGEN: Sie genehmigen die Rechnungsposition gemäß den Workflow-Bedingungen.
- ABLEHNEN: Sie lehnen diese Position ab; das System fordert Sie daraufhin auf, eine *Entscheidungsnotiz* zu verfassen.
- PROTOKOLL EINBLENDEN: Sie können damit ein Workflow-Protokoll (kompletter Ablauf des Workflows) oder ein Aufgabenprotokoll (z. B. Aufgaben infolge einer Ablehnung) einblenden.
- FREIGEBEN: Mit dieser Aktivität geben Sie den Workflow für die Bearbeitung durch die zuständigen Workflow-User frei. Oft wird die Workflow-Freigabe automatisch beim Abschluss (Speichern) des jeweiligen Belegs aktiviert.
- WEITERLEITEN: Die Genehmigungsaufgabe wird an einen anderen Genehmiger (dieser muss im System registriert sein) weitergeleitet.
- ∘∘∘ (mehr Optionen): z. B. *Reservieren*, *Anhalten*, *Aufgabe öffnen*.

Abschließend fasse ich die wichtigsten Vorteile der Workflow-Möglichkeiten in SAP S/4HANA noch einmal zusammen:

- Sie können die Genehmigungsverfahren der Beschaffungsprozesse für Rahmenverträge, Banfen, Bestellungen und Lieferantenrechnungen komfortabel abwickeln.
- Die Workflow-Benutzer können die notwendigen Aktivitäten mittels eines mobilen Zugriffs erledigen.
- Die Workflow-Benutzer haben eine aktuelle, vollständige Sicht auf den Ablauf.
- Die Workflow-Benutzer haben Zugriff auf Belegdetails wie Kommentare, Anlagen (Dokumentanhänge) und Verlinkungen zu Belegen im Kontext.

4 Wareneingang und Warenbewegungen

In diesem Kapitel werden Sie die *Bestandsführung*, Teil des Logistikmoduls *SAP MM* (engl.: Materials Management), mit beispielhaften Warenbewegungen kennenlernen. In SAP-Sprache ausgedrückt, verlassen wir jetzt die Komponente *MM-PUR* (Einkauf/Purchase-to-Pay) und wenden uns der Komponente *MM-IM* (Bestandsführung/Inventory Management) zu.

4.1 Grundlegendes zu Warenbewegungen

In diesem Abschnitt zeige ich Ihnen ausschließlich, wie Sie mit Fiori-Apps Warenbewegungen verwalten können (anlegen, ändern und anzeigen). Nach wie vor haben Sie die Möglichkeit, die von SAP ERP übernommene Transaktion *MIGO* zu verwenden, die eine reine Buchungstransaktion ist, während die neuen Anwendungen in der Regel aus einer Situation im Prozessablauf bzw. aus einer Belegflussanzeige angestoßen werden (siehe Abschnitt 4.2).

SAP stellt Ihnen für jede erdenkliche Situation *Warenbewegungsarten* zur Verfügung; einige wenige Beispiele mit dem dreistelligen numerischen Schlüsselbegriff und einer Kurzbeschreibung sind:

- 101 – Wareneingang zur Bestellung in das Lager
- 102 – Wareneingang zur Bestellung in das Lager – Storno
- 103 – Wareneingang zur Bestellung in den WE-Sperrbestand
- 104 – Wareneingang zur Bestellung in den WE-Sperrbestand – Storno
- 105 – Freigeben des WE-Sperrbestandes für das Lager
- 501 – Eingang ohne Bestellung in Frei verwendbar

- 502 – Eingang ohne Bestellung in Frei verwendbar – Storno
- 551 – Entnahme für Verschrottung aus Frei verwendbar
- 552 Entnahme für Verschrottung aus Frei verwendbar – Storno
- 561 Eingang per Bestandsaufnahme in Frei verwendbar

Ein Beispiel für einen Wareneingang können Sie u. a. in Abbildung 4.4 sehen.

4.1.1 Bestandsführung

Die beiden wichtigsten Funktionalitäten der SAP-Bestandsführung sind:

1. Warenbewegungen planen und verwalten
2. Bestände mengen- und wertmäßig führen

Die dafür notwendigen Organisationseinheiten Werk und Lagerort kennen Sie bereits aus Abschnitt 2.1.

Eingrenzung der Bestandsführung

MM-IM bildet keine komplexe Lagerstruktur mit physischen Lagerplätzen ab, sondern fasst Bestände nach **betriebswirtschaftlichen Aspekten** zusammen.

Die Bestandsführung verschafft Ihnen somit einen aktuellen Überblick über die Bestandssituation und bietet zusätzlich die Vorteile, dass im Hintergrund automatisch eine Bewertung abläuft sowie Bestandskonten fortgeschrieben werden.

4.1.2 Material- und Buchungsbelege

Materialbelege (MM-Belege) dienen der lückenlosen Aufzeichnung aller Warenbewegungen. Einmal im System gebuchte Belege können nicht rückgängig gemacht, sondern nur bei Bedarf mit einer eigenen *Bewegungsart* storniert werden. Ein Beispiel für einen Materialbeleg zum Wareneingang in unserer Übungsbestellung finden Sie in Abschnitt 4.2.2.

Buchungsbelege (FI-Belege) dienen der Buchhaltung zur Fortschreibung der jeweiligen Konten und bilden die buchhalterische Auswirkung von Materialbewegungen ab. Die dazu benötigte Organisationseinheit Buchungskreis wird aus dem Werk automatisch abgeleitet. Ein Beispiel für die Anlage eines Buchungsbelegs sehen Sie in Abschnitt 5.2.

4.1.3 Integration zu anderen Modulen

Wie wichtig und mit diversen Modulen verlinkt Warenbewegungen in einem SAP-System sind, möchte ich Ihnen im Folgenden anhand einiger Beispiele verdeutlichen.

Disposition (MRP, Bedarfsermittlung)

Mithilfe der Bestandsarten (frei verwendbar, Qualitätsprüf- und gesperrter Bestand, siehe Abschnitt 4.2.3), die beim Wareneingang festgelegt werden, kann das System bei der Entnahme für den Verbrauch entscheiden, ob und in welchem Ausmaß der Bestand dispositiv ist.

Lagerverwaltung

In SAP S/4HANA sind das *Stock Room Management* (StRM) und das *Extended Warehouse Management* (EWM) integrierte (eingebettete) Lagerverwaltungssysteme (LVS). Materialien, die nicht nur im MM-IM bestandsgeführt, sondern auch im LVS lagerplatzgeführt sind, werden in einem gemeinsamen (synchronisierten) Buchungsvorgang abgewickelt. Im Wesentlichen kommt der Anstoß vom LVS, wenn das System einen bestandsrelevanten Vorgang (lagerort- oder werksübergreifend) erkennt, oder vom MM-IM, sofern über Schnittstellenlagerplätze Ein- oder Auslagerungen gebucht werden. Zumeist kann der Anstoß der Buchung aber von beiden Seiten erfolgen.

Für diese Vorgänge müssen Sie die Bewegungsarten in den Systemeinstellungen (Customizing) eigens abstimmen.

Finanzbuchhaltung (FI)

Ein großes Integrationsthema von MM-IM und FI ist die *Kontenfindung*, sie stellt eine der Grundvoraussetzungen für die automatischen Buchungen dar. Die Bewegungsarten und weitere Findungsfaktoren bestimmen, welche Bestands- oder Verbrauchskonten fortgeschrieben werden.

4.2 Wareneingang

In einem Unternehmen ist der Wareneingang (WE) ein essenzieller betrieblicher Prozess, der in der Regel genauen Vorgaben dahingehend unterliegt, ob und wie ein Wareneingang durchgeführt werden darf. Wichtig ist, dass für Verbrauchsgüter ein Bezug zu einer freigegebenen Bestellung existiert; für das Lagermaterial ist ein Bedarfsanforderer (z. B. Produktionsabteilung, Disponent, automatische Bedarfsanforderung) notwendig.

4.2.1 Wareneingang buchen

Mit der Fiori-App »Bestellungen verwalten« können Sie direkt aus der Bestellung 4500001337 (Beispiel wurde in Abschnitt 3.4 angelegt) einen Wareneingang anstoßen (siehe Abbildung 4.1).

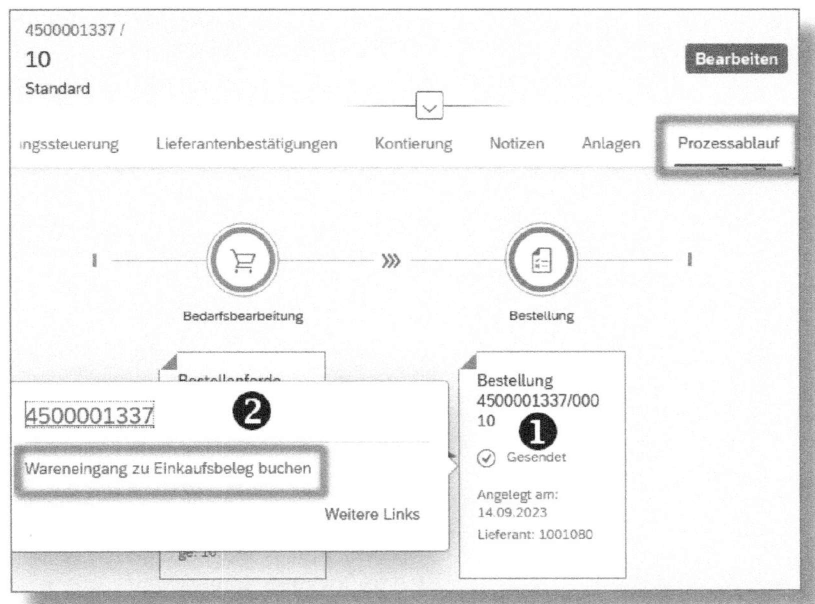

Abbildung 4.1: Wareneingang buchen – Start

In der Registerkarte PROZESSABLAUF klicken Sie auf die Bestellposition ➊, woraufhin sich ein Pop-up öffnet ➋. Wenn die Bestellung alle Voraussetzungen erfüllt (Status »Gesendet« und optional erforderliche Lieferantenbestätigungen, wie beispielsweise Lieferavis), erscheinen dort ein oder mehrere Links. Klicken Sie auf WARENEINGANG ZU EINKAUFSBELEG BUCHEN, um in die gleichnamige App abzuspringen (siehe Abbildung 4.2).

Alle erforderlichen Daten wurden bereits automatisch von der Bestellposition übernommen. Auch die offene Buchungsmenge erscheint im Feld GELIEFERT und könnte noch überschrieben werden, z. B. für eine Teillieferung (in unserem Beispiel nicht relevant). Markieren Sie die gewünschte Position, und klicken Sie rechts unten auf Buchen (ohne Abbildung). Das System erzeugt nun einen Materialbeleg.

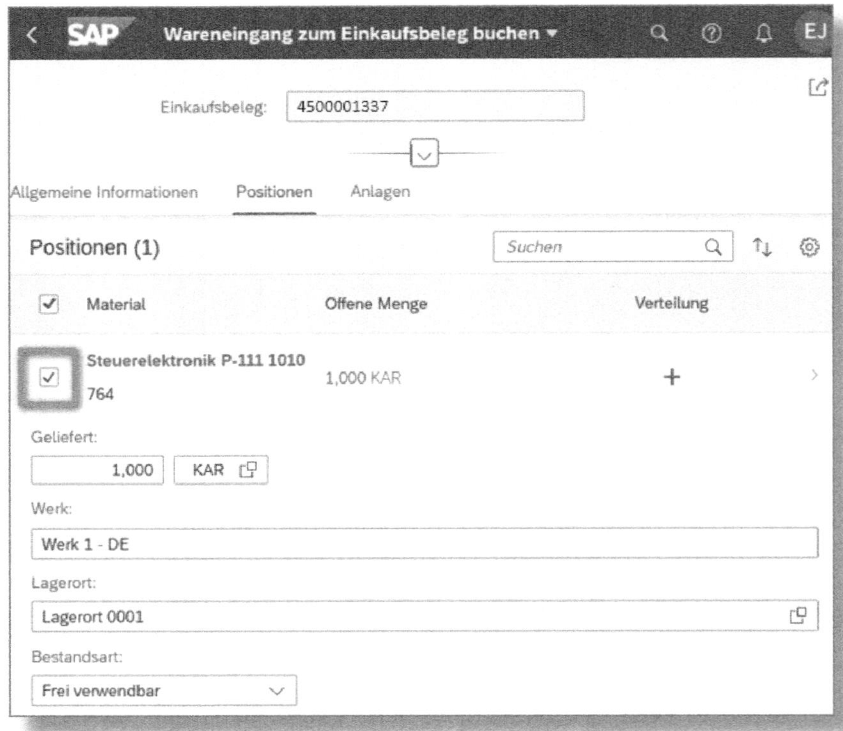

Abbildung 4.2: Wareneingang buchen

4.2.2 Materialbeleg anzeigen

Nach dem Buchen des Wareneingangs (Belegnr. *5000001269*) können Sie in der Bestellposition im Register PROZESSABLAUF (in SAP ERP als Bestellentwicklung bekannt) mit einem Klick auf das Dokument WARENEINGANG ❶ ein Pop-up ❷ öffnen, das Ihnen eine Auswahl verschiedener Anzeige-Apps zum Direktaufruf anbietet (siehe Abbildung 4.3).

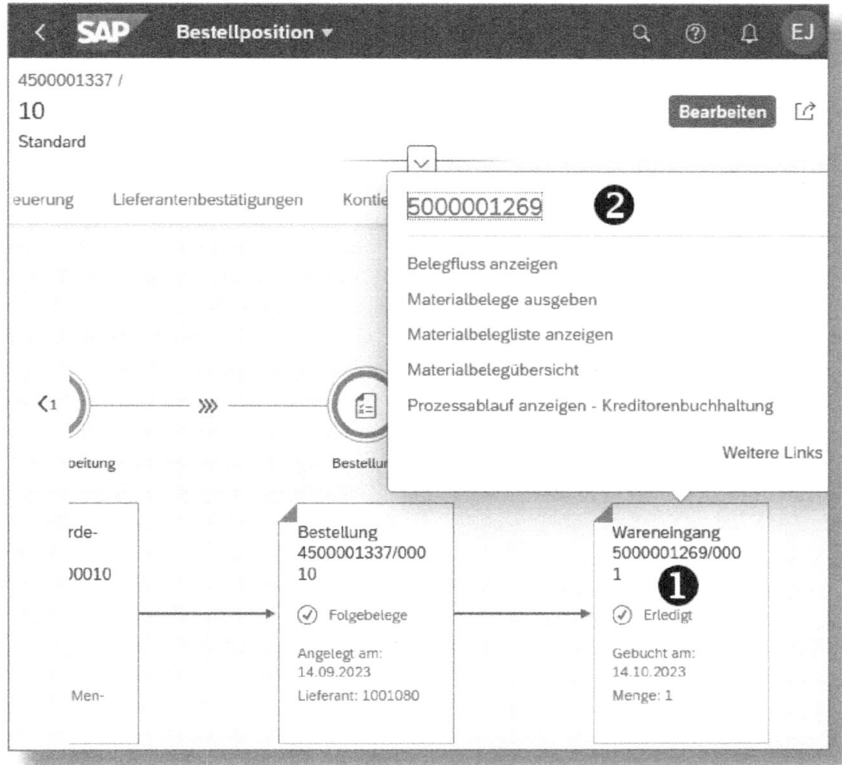

Abbildung 4.3: Materialbeleg anzeigen – Einstieg

Hier die beispielhaften (situationsabhängigen) Möglichkeiten:

- Wenn Sie direkt auf die Wareneingangsbelegnummer *5000001269* klicken, gelangen Sie zur detaillierten Anzeige der Belegdaten (siehe Abbildung 4.4).
- Unter BELEGFLUSS ANZEIGEN sehen Sie die wichtigsten Schlüsseldaten aller Belege: von der Bestellanforderung bis zum Wareneingang (siehe Abbildung 3.35 und Abbildung 3.36 für eine beispielhafte grafische Darstellung).
- MATERIALBELEGE AUSGEBEN: Belege werden je nach Systemeinstellungen, z. B. Druckausgabe oder Electronic Data Interchange (EDI), ausgegeben.

- MATERIALBELEGLISTE ANZEIGEN führt in die alte (sehr beliebte) SAP-GUI-Transaktion *MB51*.
- Mittels MATERIALBELEGÜBERSICHT gelangen Sie in die Fiori-App »Übersicht Materialbelege«. Diese neue App ist mit ihren zahlreichen Filtermöglichkeiten und parametrisierten Anzeigeeinstellungen ein gelungener Nachfolger der Transaktion *MB51*. Ein Beispiel hierfür finden Sie in Abbildung 4.6.
- PROZESSABLAUF ANZEIGEN – KREDITORENBUCHHALTUNG: Auf diese Beleganzeige komme ich später in Kapitel 5 zu sprechen.

Sie erreichen die Materialbeleganzeige auch über die Fiori-App »Materialbelegübersicht«.

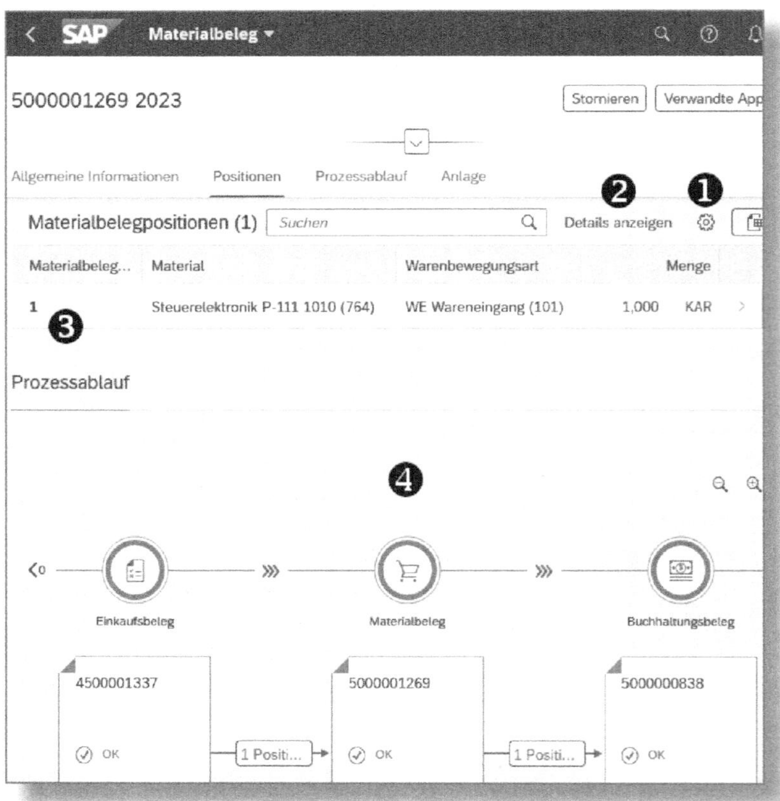

Abbildung 4.4: Materialbeleg anzeigen

In den Einstellungen ❶ finden Sie eine große Auswahl an Feldern, die Sie sich für Ihre Materialbelegposition selbst zusammenstellen können (z. B. Bestandsart, Belegpositionstext, Grund der Bewegung); durch einen Klick auf DETAILS ANZEIGEN ❷ erscheinen diese unter der Belegposition ❸. Mit [>] gelangen Sie zur Positionsanzeige (ohne Abbildung). Der PROZESSABLAUF ❹ bietet die üblichen Funktionalitäten (siehe ❷ in Abbildung 4.3).

4.2.3 Bestandsarten

Bei Wareneingängen sind drei Bestandsarten wichtig, diese wirken sich auf die Entnahme bzw. deren Ablehnung aus.

Frei verwendbarer Bestand

Über diesen Bestand können Sie frei verfügen (d. h., es gibt keine Beschränkung der Verfügbarkeit). Die Bewegungsart für diesen Wareneingang ist 101.

Qualitätsprüfbestand

Dieser Bestand wird in der Regel getrennt gelagert, z. B. Q-Bestand im Wareneingangsbereich, wo die Ware definierten Prüfungsregeln unterzogen wird. Während dieser Zeit wird der Bestand in der Disposition zwar berücksichtigt, es ist aber keine Entnahme möglich. Die Bewegungsart für diesen Wareneingang ist 101 und hat das zusätzliche Bestandsqualifikationskennzeichen »Q«.

Gesperrter Bestand

Dieser Bestand ist dispositiv nicht verfügbar und kann keinesfalls entnommen werden. Die Bewegungsart für diesen Wareneingang ist 103.

4.2.4 Bestandsübersicht

Für die Bestandsüberwachung können Sie die Fiori-Apps »Bestand – Einzelmaterial« (entspricht im Prinzip der alten Transaktion *MMBE*) oder »Bestand – Mehrere Materialien« (dient eher der Übersicht und hat nicht die umfangreichen Möglichkeiten der Einzelanzeige) verwenden.

Ich zeige Ihnen nun eine Bestandsüberwachung für das MATERIAL *764* (STEUERELEKTRONIK P-111 1010) mit der App »Bestand – Einzelmaterial« und ihren gegenüber der Transaktion *MMBE* erweiterten Funktionen (siehe ❹ in Abbildung 4.5).

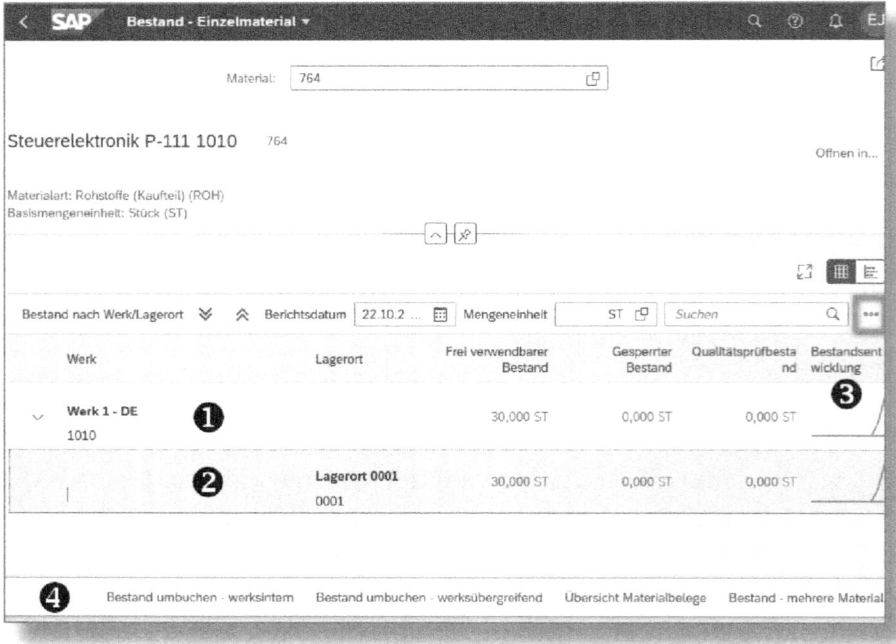

Abbildung 4.5: Fiori-App »Bestand – Einzelmaterial«

Über die Icons ∘∘∘ (Mehr) und ⚙ (Einstellungen) können Sie die Spaltenansicht erweitern, z. B. um RETOUREN oder TRANSITBESTAND.

❶ Zeile(n) WERK: Je nach Situation des Materials werden hier für alle Werke die Bestände aufgelistet, in unserem Beispiel sind das die Punkte FREI VERWENDBARER BESTAND, GESPERRTER BESTAND und QUALITÄTSPRÜFBESTAND.

❷ Zeile(n) LAGERORT: Hier werden die Bestände für die Lagerorte analog zu ❶ dargestellt.

❸ Spalte BESTANDSENTWICKLUNG: Wenn Sie in das Mikrodiagramm klicken, öffnet es sich in voller Größe. Auf der x-Achse werden Monate und auf der y-Achse Bestandsmengen abgebildet.

❹ In der Fußleiste haben Sie die Möglichkeit, direkt in andere Apps zu verzweigen:

- BESTAND UMBUCHEN – WERKSINTERN
- BESTAND UMBUCHEN – WERKSÜBERGREIFEND
- ÜBERSICHT MATERIALBELEGE: Hier können Sie nachverfolgen, warum sich in unserem Beispiel bereits 30 Stück des MATERIALS *764* im FREI VERWENDBAREN BESTAND befinden: In Abbildung 4.6 finden sich drei Positionen zu je *1* Karton (KAR), also 30 Stück MATERIAL *764* (unsere Beispielbestellung mit dem EINKAUFSBELEG *4500001337* ist dort eingerahmt).
- BESTAND – MEHRERE MATERIALIEN

Die Übersicht der Materialbelege (Abbildung 4.6) können Sie auch direkt vom SAP Fiori Launchpad aus aufrufen, die Fiori-App heißt »Materialbelegübersicht«.

Sie sind nun in der Lage, Warenbewegungen durchzuführen sowie Bestände zu überwachen, und somit sind Sie gut vorbereitet für das nächste Kapitel zur Rechnungsprüfung.

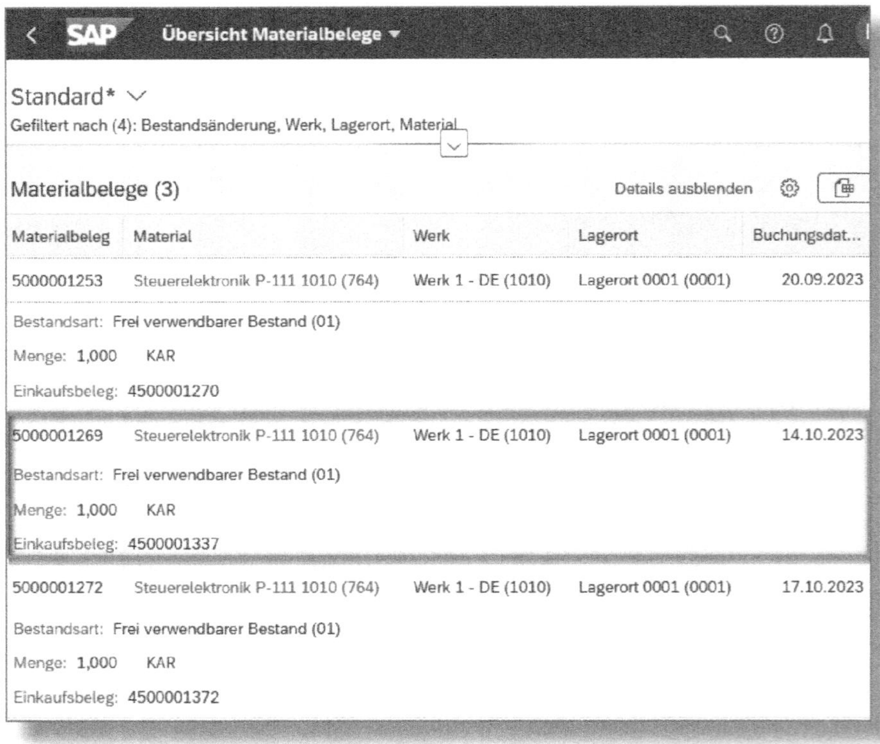

Abbildung 4.6: Übersicht Materialbelege

5 Rechnungsprüfung

Der letzte Schritt in einem typischen Beschaffungsprozess ist die *Rechnungsprüfung*. Meist abgewickelt von der Kreditorenbuchhaltung, werden hier die Buchungsbelege vom Beschaffungsprozess geprüft und die *Zahlungsabwicklung* angestoßen.

5.1 Grundlegendes

Sie erfassen die Eingangsrechnung und nehmen damit Bezug auf die Bestelldaten, um mithilfe der Buchungsbelege aller zugehörigen Wareneingänge die Richtigkeit der vom Lieferanten erhaltenen Rechnung zu überprüfen. Eventuelle Mengen- oder Preisdifferenzen können so geklärt und weiterbearbeitet werden.

Beim Sonderfall der automatischen Wareneingangsabrechnung (ERS) bedarf es keiner Rechnung vom Lieferanten. Hier können Sie gemäß der Vereinbarung mit dem Lieferanten die Eingangsrechnung direkt und automatisiert abwickeln.

5.1.1 WE/RE-Verrechnungskonto

Bei jedem Waren- oder Rechnungseingang mit Materialbezug wird das *Wareneingangs-/Rechnungseingangs-Verrechnungskonto (WE/RE-Konto)* bebucht:

- Die Wareneingangsbuchungen werden mit Bezug zur Bestellposition fortgeschrieben. Abhängig von der Materialart wird mit einem *gleitenden Durchschnittspreis* (für extern beschafftes Material wird bei jedem Wareneingang mit dem jeweiligen Preis automatisch der Durchschnitt berechnet) oder einem *Standardpreis* (z. B. Eigenfertigung, der Preis wird intern festgelegt) auf das Bestandskonto gebucht.
- Die Rechnungseingangsbuchungen werden ebenfalls mit Bezug zur Bestellposition fortgeschrieben.

In weiterer Folge werden die Konten abgestimmt und ausgeglichen. Darauf gehe ich detailliert in Abschnitt 5.3 ein.

5.1.2 WE/RE-Konto überwachen – Übersicht

Mit der App »WE/RE Kontenabstimmung überwachen – Übersicht« (nach dem Start sehen Sie in der obersten Zeile nicht wie üblich den App-Namen, sondern den Titel »Abstimmübersicht zu Waren- und Rechnungseingang«) können Sie sich mithilfe verschiedener Key Performance Indicators (KPIs), die in Karten abgebildet sind, einen Überblick über die WE/RE-Konten verschaffen (siehe Abbildung 5.1).

Nachfolgend habe ich Ihnen einige Beispiele interessanter Karten aufgelistet (von links oben nach rechts unten):

- WE/RE-ABSTIMMUNGSVERARBEITUNG:
  Anzeige der zu bearbeitenden Einkaufsbelegpositionen, gruppiert nach Bearbeiter, bearbeitender Abteilung, Verarbeitungsschritt (Status), Priorität, Ursache (siehe das Beispiel im nächsten Abschnitt 5.1.3).
- WE/RE-ABSTIMMUNGSVERARBEITUNG – VORSCHLÄGE DES MASCHINELLEN LERNENS:
  Anzeige der zu bearbeitenden Einkaufsbelegpositionen; Karte erscheint nur, wenn Ihr System über eine zusätzliche Lizenz für maschinelles Lernen (ML, künstliche Intelligenz, über die das System aus gesammelten Daten lernen kann) verfügt.
- WE/RE-ABSTIMMUNGSVERARBEITUNG – NEUESTE VERARBEITUNGSÄNDERUNG:
  Anzeige der Einkaufsbelegpositionen, die mit der App »WE/RE-Konten abstimmen« verarbeitet wurden, gruppiert nach gewünschtem Zeitrahmen.
- RE-BETRAGSÜBERSCHUSS:
  Anzeige der zu bearbeitenden Einkaufsbelegpositionen, die einen Betragsüberschuss in der Eingangsrechnung aufweisen.

Abbildung 5.1: Abstimmübersicht über WE/RE-Konten

- WE-BETRAGSÜBERSCHUSS:
  Anzeige der zu bearbeitenden Einkaufsbelegpositionen, die einen Betragsüberschuss im Wareneingang aufweisen.
- WE-BETRAG GLEICH RE-BETRAG:
  Anzeige der zu bearbeitenden Einkaufsbelegpositionen, bei denen die Beträge von Waren- und Rechnungseingängen idealerweise keine Differenz aufweisen.

- OFFENE FI-POSTEN NACH BUCHUNGSDATUM:
  Anzeige der offenen Buchungen eines Kreditorenkontos für den vorgegebenen Zeitrahmen.
- OFFENE FI-POSTEN NACH KREDITOR:
  Anzeige der FI-Posten, währungsübergreifend und nach Kreditoren sortiert aufgelistet.

Von den Karten mit gerahmtem Kopfteil können Sie direkt in die dahinterliegende App abspringen, wie im nächsten Abschnitt gezeigt wird.

Wie Sie Karten verwalten können, ist in Abschnitt 3.5.1 beschrieben.

5.1.3 WE/RE-Kontenabstimmung

Die App »WE/RE-Konten abstimmen« (Titel: »Intelligente Waren- und Rechnungseingangskontenabstimmung«) bietet Ihnen umfangreiche Möglichkeiten zur Analyse und Bearbeitung Ihrer WE/RE-Verrechnungskonten (siehe Abbildung 5.2).

☛ Verfügbarkeit und Darstellung dieser App

Immer wieder kommt es vor, dass User für die Nutzung von Apps nicht berechtigt sind; bei dieser ist das sehr häufig der Fall. Falls Sie also die App in Ihrem SAP Fiori Launchpad nicht finden sollten, kontaktieren Sie bitte Ihren Administrator.

Die Fülle der von dieser App bereitgestellten Informationen ist enorm groß. Daher empfehle ich eine Darstellung am PC im Breitbildformat. Um für dieses Buch möglichst viele Spalten sowie die wichtigsten Fakten zeigen zu können, habe ich abweichend davon die Abbildungen eng gehalten.

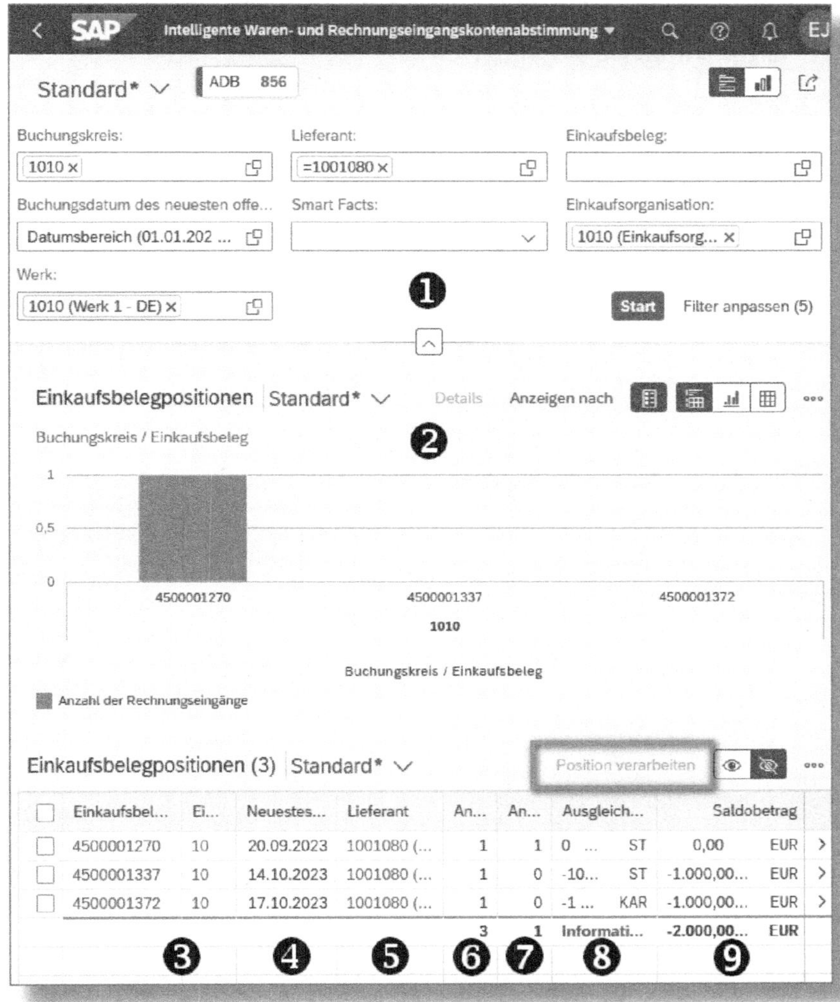

Abbildung 5.2: Intelligente WE/RE-Kontenabstimmung

❶ Je nach Ihrem Auswertungsziel setzen Sie die gewünschten Filtereinstellungen bzw. konfigurieren über FILTER ANPASSEN die bereits gewählten Kriterien. Einige wenige Beispiele hierfür sind:

- BUCHUNGSKREIS
- LIEFERANT

- EINKAUFSBELEG
- BUCHUNGSDATUM DES NEUESTEN OFFENEN POSTENS
- SMART FACTS
- EINKAUFSORGANISATION
- WERK

Anschließend klicken Sie auf Start.

❷ Über die Icons ••• und dann ⚙ können Sie Ihre eigene Diagrammansicht für EINKAUFSBELEGPOSITIONEN konfigurieren. Beispielhaft sehen Sie hier einige von vielen Einstellungsmöglichkeiten:

- Diagrammarten: Stapelsäulen-, Balken-, Säulen-, Linien-, Kreis-, Lineardiagramm, Heatmap usw.
- Selektionskriterien (ca. 80): Buchungskreis, Einkaufsbeleg, Einkäufergruppe, Lieferant, Material, Löschkennzeichen, Anzahl WE/RE-Eingänge usw.

Je nachdem, ob Sie die Diagrammansicht benötigen, können Sie diese mit ein- oder ausschalten, das gilt auch für die Tabellenansicht mit Klick auf .

❸ Einkaufsbeleg und -position: Sie sehen hier unseren Testfall *4500001337* Position *10*.

❹ Buchungsdatum des neuesten offenen Postens

❺ LIEFERANT

❻ Anzahl der Wareneingänge

❼ Anzahl der Rechnungseingänge

❽ Ausgleichsmenge: Anzeige in der jeweiligen Bestellmengeneinheit (Stück, Karton etc.)

❾ SALDOBETRAG: errechneter Saldo aus den Bewertungen von Waren- und Rechnungseingang

Navigationsmöglichkeiten

In den einzelnen Positionszeilen (Abbildung 5.2) bietet sich Ihnen mit einem Klick auf [>] (Details) eine Vielzahl an Navigationsoptionen zur jeweiligen EINKAUFSBELEGPOSITION (siehe Abbildung 5.3).

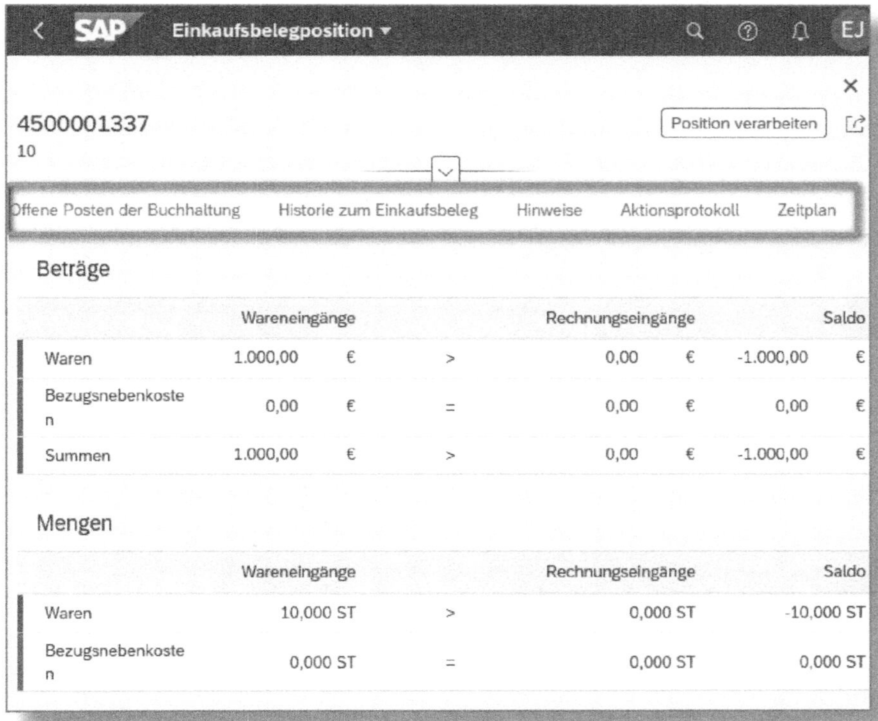

Abbildung 5.3: Details zur Einkaufsbelegposition

In dieser Abbildung sehen Sie eine Übersicht der Beträge und Mengen von WARENEINGÄNGEN, RECHNUNGSEINGÄNGEN und SALDEN. Von hier können Sie in die folgenden Registerkarten (in der Darstellung gerahmt) verzweigen:

- OFFENE POSTEN DER BUCHHALTUNG: Möglichkeit zum Wechsel in die T-Konto-Sicht
- HISTORIE ZUM EINKAUFSBELEG: Prozessablauf anzeigen

- HINWEISE: Informationen, die Sie posten möchten
- AKTIONSPROTOKOLL: Protokoll für Sachbearbeiter
- ZEITPLAN: Ablaufdokumentation

5.2 Lieferantenrechnung erstellen

Auch in der Rechnungsprüfung, die in der Regel von der Kreditorenbuchhaltung durchgeführt wird, hat SAP für die alte SAP-GUI-Transaktion *MIRO* (Movement In Receipt Out) Ersatz geschaffen, und zwar in Gestalt der neuen Fiori-Apps »Lieferantenrechnung anlegen« und »Lieferantenrechnung verwalten«.

5.2.1 Fiori-App »Lieferantenrechnung anlegen«

Den Einstieg in diese App zur Anlage einer Lieferantenrechnung sehen Sie in Abbildung 5.4.

Allgemeine Informationen

Alle folgenden Felder sind Muss-Eingaben:

❶ Vergewissern Sie sich, dass der VORGANG auf *Rechnung* gesetzt ist.

❷ Als RECHNUNGSDATUM verwenden Sie das Ausstellungsdatum des Originalbelegs der Lieferantenrechnung.

❸ Den BRUTTOBETRAG (inkl. Steuer) entnehmen Sie der Rechnung.

❹ Sobald Sie den RECHNUNGSSTELLER (Lieferant) erfasst haben, erscheint im Kopf SALDO *0,00 EUR* und RECHNUNGSSTELLER *Lieferant_01 (1001080)* (siehe Einrahmung).

❺ REFERENZ könnte beispielsweise die Belegnummer sein, die der Geschäftspartner führt.

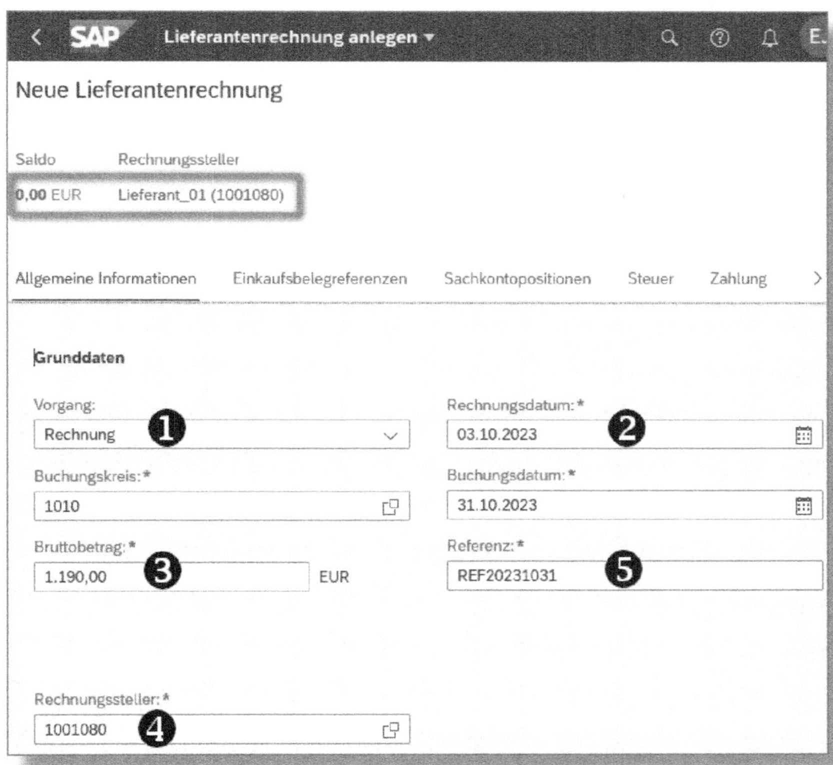

Abbildung 5.4: Lieferantenrechnung anlegen – Grunddaten

Einkaufsbelegreferenzen

In diesem Abschnitt bearbeite ich alle auf den Einkauf bezogenen Daten (siehe Abbildung 5.5).

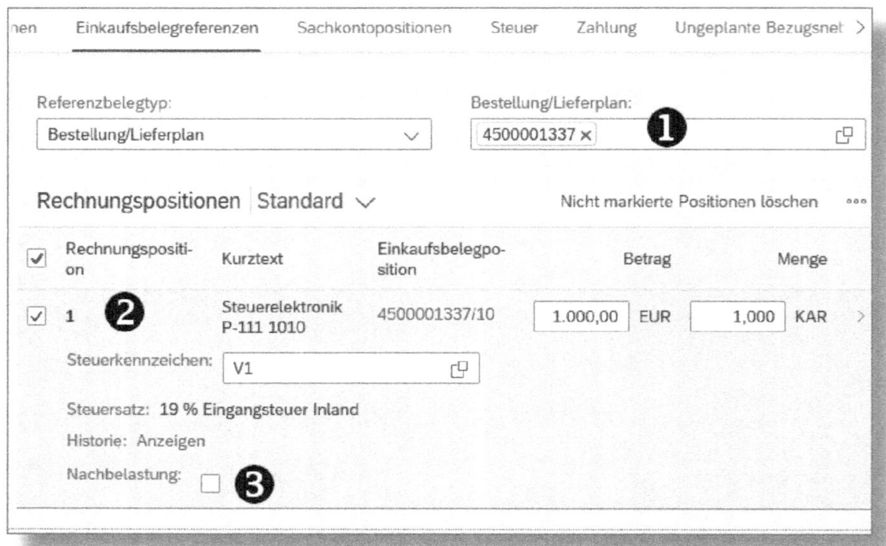

Abbildung 5.5: Lieferantenrechnung anlegen – Einkaufsbelegreferenzen

❶ Wenn Sie im Feld BESTELLUNG/LIEFERPLAN die Bestellnummer eingeben, werden alle relevanten Positionsdaten ❷ automatisch übernommen, sofern der Einkäufer alle Daten ordnungsgemäß gepflegt hat. Sie haben hier noch die Möglichkeit, etwaige Betrags- oder Mengenabweichungen einzugeben, was zur Folge hat, dass auf ein Preisdifferenzkonto gebucht wird.

Nur für den Fall, dass ein Vorgang bereits abgerechnet wurde und Sie noch nachträglich eine Rechnung erhalten, markieren Sie das Feld NACHBELASTUNG ❸.

Steuer

Diese Registerkarte hat nur informativen Wert (siehe Abbildung 5.6).

Die Steuerdaten (SOLL/HABEN-KENNZEICHEN, STEUERKENNZEICHEN, STEUERSATZ, STEUERBETRAG) werden automatisch von der Bestellposition übernommen oder berechnet.

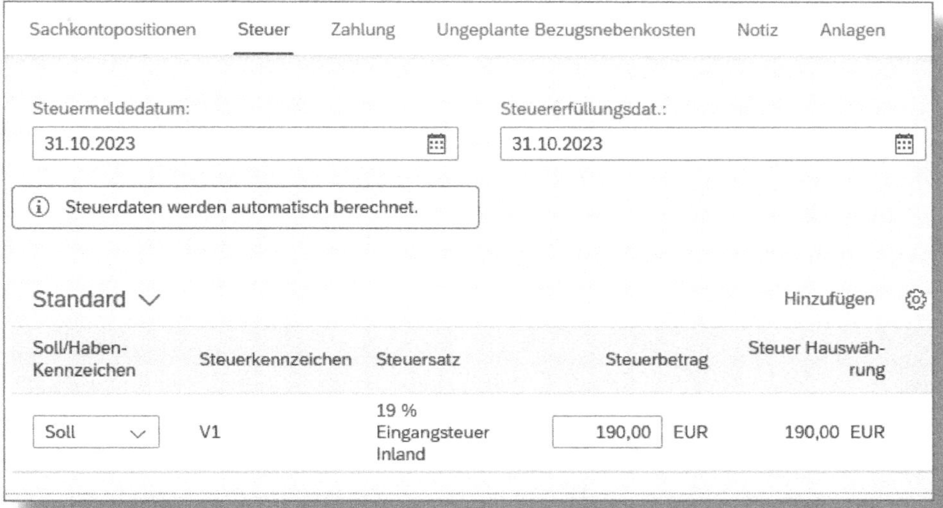

Abbildung 5.6: Lieferantenrechnung anlegen – Steuer

Die wichtigsten Registerkarten für Einkaufsbelange sind damit bereits bearbeitet. Zum Abschluss klicken Sie unten rechts auf [Prüfen] (ohne Abbildung). Wenn alle Eingaben korrekt sind, erscheint die Meldung »Die Rechnung wurde erfolgreich geprüft«.

Zu diesem Zeitpunkt stehen in der Fußzeile noch weitere Funktionen zur Verfügung (ohne Abbildung):

- SIMULIEREN: Mit dieser Funktion können Sie einen Buchungsbeleg simulieren, ohne ihn zu buchen. Damit können Sie einsehen, welche Hauptbuchkonten mit welchen Buchungsmengen vom System zum Buchen eingeplant sind.
- BUCHEN: Hierüber wird die Anlage endgültig abgeschlossen.
- MERKEN: Auf diese Weise speichern Sie den momentanen Zustand des Belegs (er wird jedoch nicht abgeschlossen).
- VORERFASSEN: Sie können die Rechnung im System vorzeitig unter einer Belegnummer erfassen und jederzeit bearbeiten.

- VOLLSTÄNDIG SICHERN: Der Rechnungsbeleg ist zum Buchen nur vorgemerkt. Es sollten keine Änderungen mehr durchgeführt werden, weil die Belegdaten für die Bestellentwicklung und die Kostenrechnungsbelege bereits berücksichtigt werden.
- ABBRECHEN: Hiermit verwerfen Sie Ihre sämtlichen Eingaben.

Mit Buchen erhalten Sie die (Erfolgs-)Meldung (siehe Abbildung 5.7). In unserem Beispiel wurden die LIEFERANTENRECHNUNG *5105601449/2023* sowie der BUCHUNGSBELEG *5100000524/2023* angelegt.

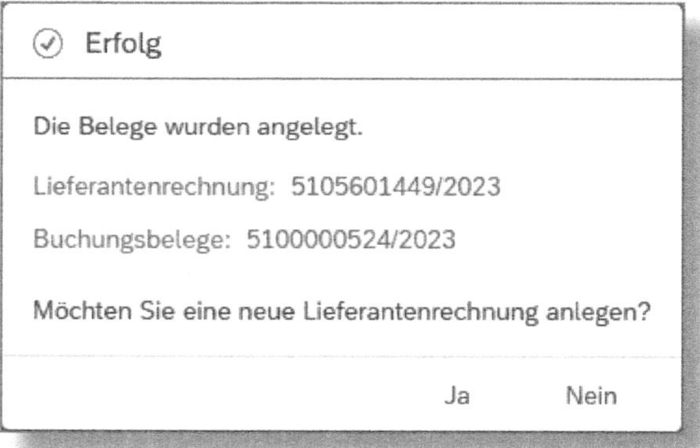

Abbildung 5.7: Lieferantenrechnung anlegen – Erfolg

5.2.2 Fiori-App »Buchungsbeleg anzeigen/verwalten«

Die neue Fiori-App »Buchungsbelege verwalten« eignet sich aufgrund der Vielfalt an Funktionalitäten sehr gut für die Anzeige von Belegen (alte SAP-GUI-Transaktion *FB03*; siehe Abbildung 5.8 und folgende).

Die Belege sind nach BUCHUNGSKREIS, BUCHUNGSBELEGDATUM, GESCHÄFTSJAHR und BB ANGELEGT VON gefiltert.

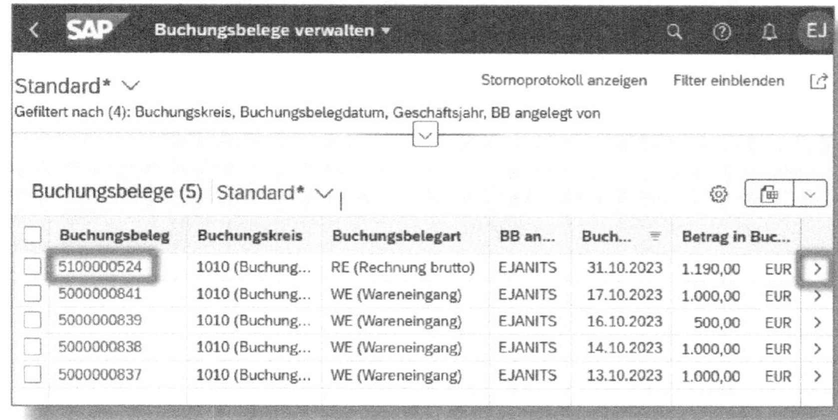

Abbildung 5.8: Buchungsbelege verwalten – Einstieg

Um in die Beleganzeige zu gelangen, klicken Sie in der Zeile mit dem gewünschten Buchungsbeleg auf > (Details). Sie sehen daraufhin die KOPFDATEN als erste Ansicht des Belegs (siehe Abbildung 5.9).

Kopfdaten

Abbildung 5.9: Buchungsbelege verwalten – Kopfdaten

In der Abbildung ersichtliche Felder sind außerdem, falls gepflegt, Referenzdaten und ein Kopftext.

Zugehörige Belege

Verfolgen Sie anhand der Belege unser durchgängiges Beispiel von der Banf bis hin zur Eingangsrechnung (siehe Abbildung 5.10).

Abbildung 5.10: Buchungsbelege verwalten – zugehörige Belege

Sie finden eine Auflistung aller in den Prozess involvierten Belege und die Möglichkeit, direkt in die jeweiligen Belege zu verzweigen. Am unteren Ende sehen Sie den Status für den WORKFLOW, und zwar RECHNUNG: GESPERRTE RECHNUNGEN FREIGEBEN.

An dieser Stelle können Sie mit Klick auf BELEGFLUSS ANZEIGEN auch in die gleichnamige App abspringen (siehe Abbildung 5.11).

Belegfluss anzeigen

Mit der Verbuchung der Lieferantenrechnung ist der Beschaffungsprozess abgeschlossen, und Sie können den gesamten Belegfluss – angefangen bei ANFORDERUNGEN über AUFTRÄGE, LOGISTIK bis hin zu Rechnungen (siehe Einrahmung) – im Überblick und im Detail verfolgen.

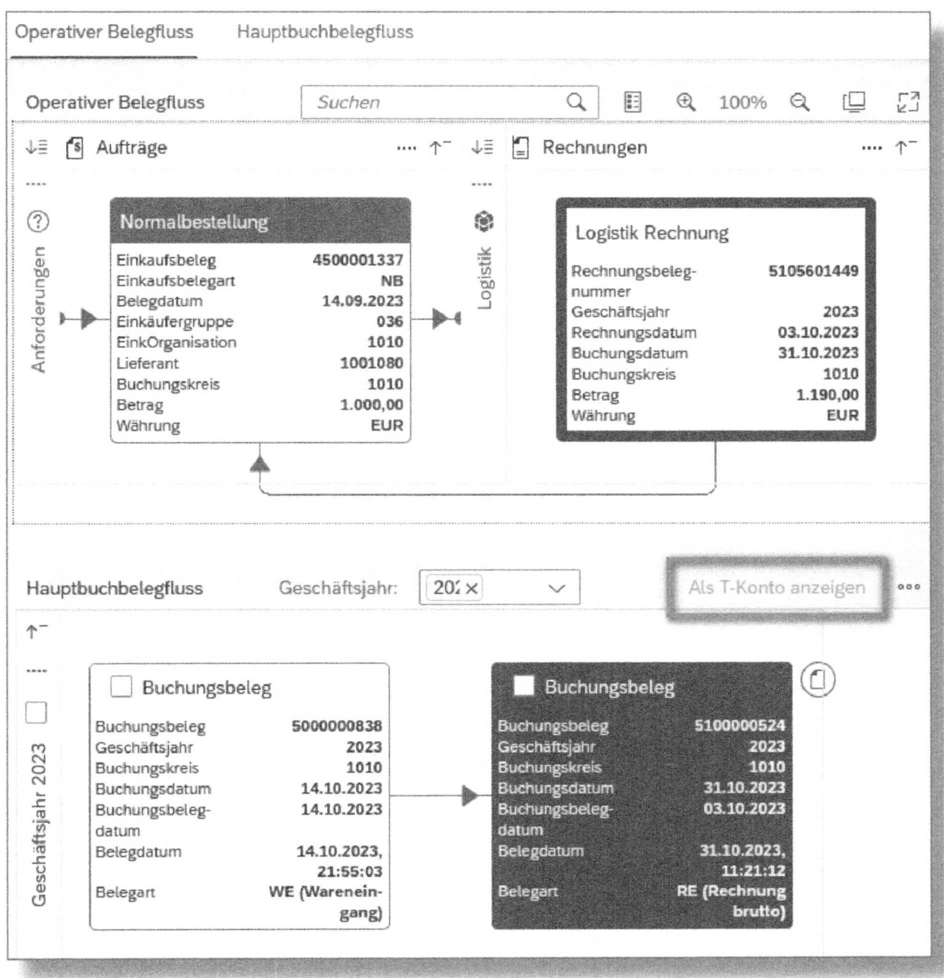

Abbildung 5.11: Buchungsbelege verwalten – Belegfluss anzeigen

Die wesentlichen Merkmale der Belegflussanzeige wurden bereits in Abbildung 3.35 und Abbildung 3.36 beschrieben.

In Abbildung 5.11 habe ich den Buchungsbeleg angeklickt (blau hinterlegt), wodurch gleichzeitig im Feld OPERATIVER BELEGFLUSS der auslösende Vorgang – die LOGISTIK RECHNUNG – stark umrandet erscheint.

Einzelposten und Steuer

Nachdem Sie den Belegfluss analysiert haben, navigieren Sie mit < (links oben) zurück und rufen in der Anzeige die EINZELPOSTEN auf (siehe Abbildung 5.12).

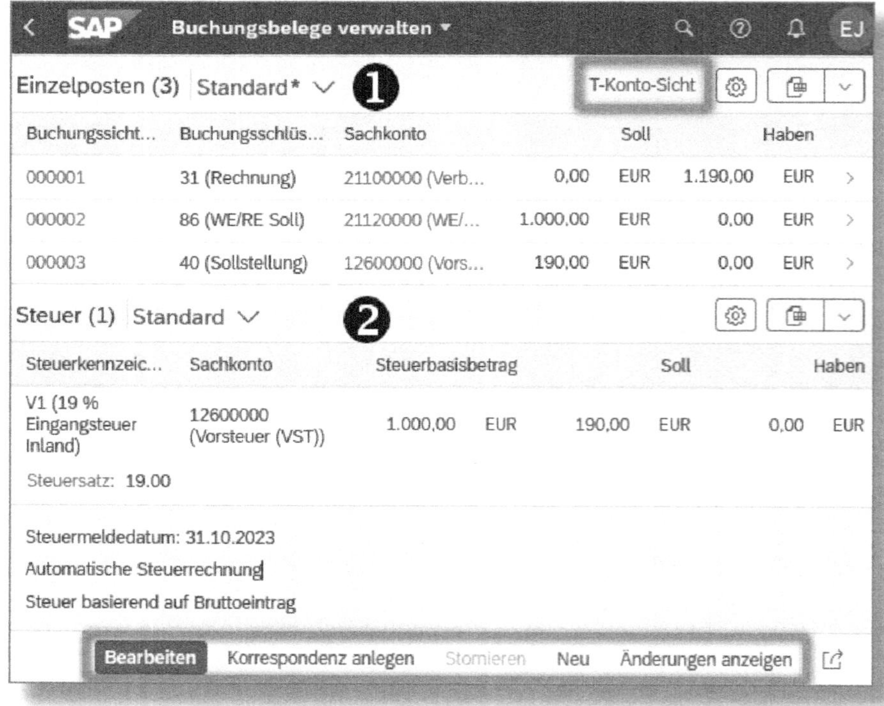

Abbildung 5.12: Buchungsbelege verwalten – Einzelposten und Steuer

Bei der Rechnungserstellung werden mithilfe der Kontenfindung die einzelnen Posten festgelegt und bebucht.

❶ EINZELPOSTEN:

- In der Buchungssichtposition (BUCHUNGSSICHT...) *000001* wurde mit dem Buchungsschlüssel (BUCHUNGSSCHLÜS...) *31 (Rechnung)* die Habenseite des Verbrauchskontos *21100000* (Verbindlichkeiten Inland) bebucht.
- In der Buchungssichtposition *000002* wurde mit dem Buchungsschlüssel *86 (WE/RE Soll)* die Sollseite des Verrechnungskontos *21120000* (WE/RE) bebucht.
- In der Buchungssichtposition *000003* wurde mit dem Buchungsschlüssel *40 (Sollstellung)* die Sollseite des aktiven Bestandskontos *12600000* (Vorsteuer) bebucht.

In der Einzelpostenanzeige können Sie mit Klick auf T-KONTO-SICHT (umrahmt) weiter navigieren (Sie gelangen in diesem Fall zur Übersicht aus Abbildung 5.13).

❷ STEUER: Hier sehen Sie eine etwas detailliertere Darstellung gegenüber der Einzelpostenanzeige. Mit Klick auf ⚙ (Einstellungen) können Sie weitere Spalten öffnen, wie »Steuerland/-reg«, »Steuersatz-GültBeg.«, »Steuerstandort« und »Umrechnungskurs«.

In der Fußzeile finden Sie noch einige Funktionsknöpfe, die für zusätzliche Bearbeitungen des Belegs verwendet werden können (siehe Einrahmung).

T-Konto-Sicht

Die T-Konto-Sicht aus Abbildung 5.13 liefert gegenüber der Listanzeige aus Abbildung 5.12 keinen Informationsgewinn, aber eine übersichtliche, klassische Abbildung von Konten.

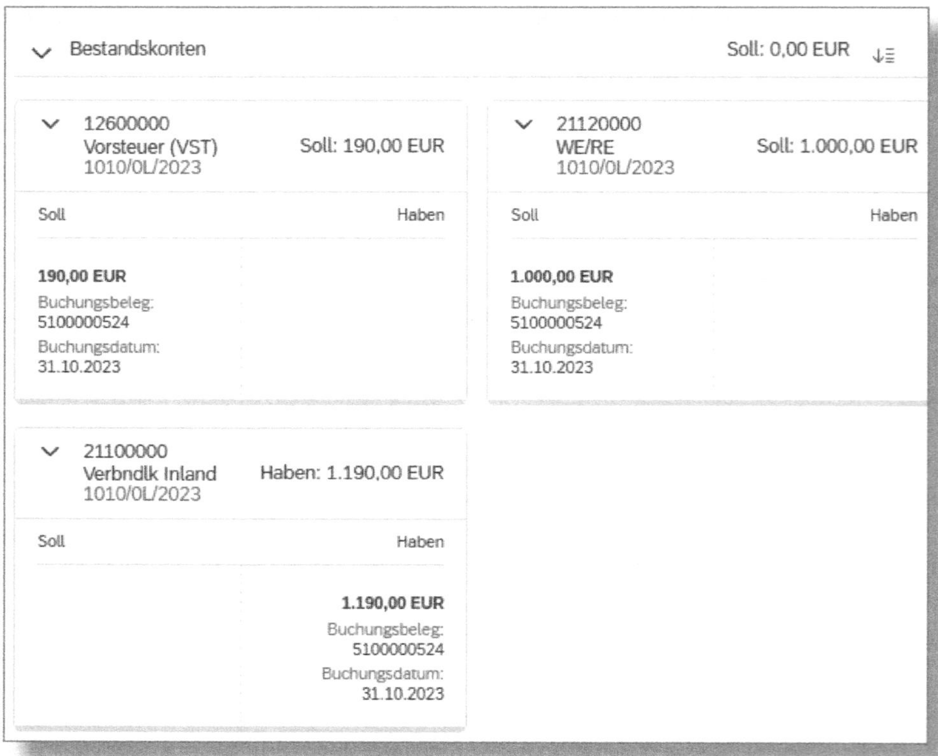

Abbildung 5.13: Buchungsbelege verwalten – T-Konto-Sicht

5.3 Kreditorenzahlung (informativ)

Nach der Bearbeitung und Verbuchung der Lieferantenrechnung werden die offenen Posten von der Kreditorenbuchhaltung ausgeglichen, indem Sie Zahlungen manuell oder über einen Zahllauf verbuchen.

Für die manuelle Buchung verwenden Sie die Fiori-App »Ausgangszahlung buchen«, für den Zahllauf die App »Automatische Zahlungen verwalten«.

Weiterführende Literatur

Wenn Sie sich Detailwissen zu den Vorgängen in der Kreditorenbuchhaltung aneignen möchten, empfehle ich Ihnen das »Praxishandbuch Kreditorenbuchhaltung in SAP S/4HANA« (Karlheinz Weber/Christine Werschitz, Espresso Tutorials, 2024).

Wie für alle Schritte des Beschaffungsprozesses ist auch ein Prozessablauf für die Lieferantenrechnung und Zahlung einsehbar, und zwar mit der Fiori-App »Prozessablauf anzeigen – Kreditorenbuchhaltung«.

Eine generelle Übersicht mit vielen Navigationsmöglichkeiten für die Kreditorenbuchhaltung bietet die Fiori-App »Übersicht der Kreditorenbuchhaltung«. Diese App liefert Ihnen einen grafischen Überblick über die verschiedenen Bereiche der Kreditorenbuchhaltung; sehen Sie einige Beispiele in Abbildung 5.14.

❶ Damit wir unsere Beispielbestellung 4500001337 verfolgen können, habe ich die Übersicht nach Kreditor 1001080 gefiltert.

❷ GEBUCHTE RECHNUNGEN: Sie können entweder *nach Betrag* oder *nach Anzahl* auswählen. Der zweite Balken von 10.2023 stellt unsere Beispielbestellung dar.

❸ FÄLLIGE RECHNUNGEN – ZUR ZAHLUNG FREI: Hier sehen Sie unsere Lieferantenrechnung 5105601449/2023, die frei für die Zahlung bereitsteht. Mit einem Klick auf diesen Kasten springen Sie in die App »Kreditorenposten bearbeiten« ab.

❹ MEINE INBOX: Von hier aus können Sie Ihre Business-Workflow-Nachrichten direkt bearbeiten.

❺ QUICK LINKS: Dies sind direkte Absprungmöglichkeiten für die Kreditorenbuchhaltung.

❻ STATISTIKEN ZUR RECHNUNGSBEARBEITUNG: An dieser Stelle wird Ihnen die durchschnittlich benötigte Zeit zur Bearbeitung von Rechnungen angezeigt.

❼ GESPERRTE RECHNUNGEN – DIAGRAMMSICHT: Sie können nach verschiedenen Sperrgründen selektieren. Mit einem Klick auf den Kasten wechseln Sie in die App »Kreditorenposten bearbeiten«.

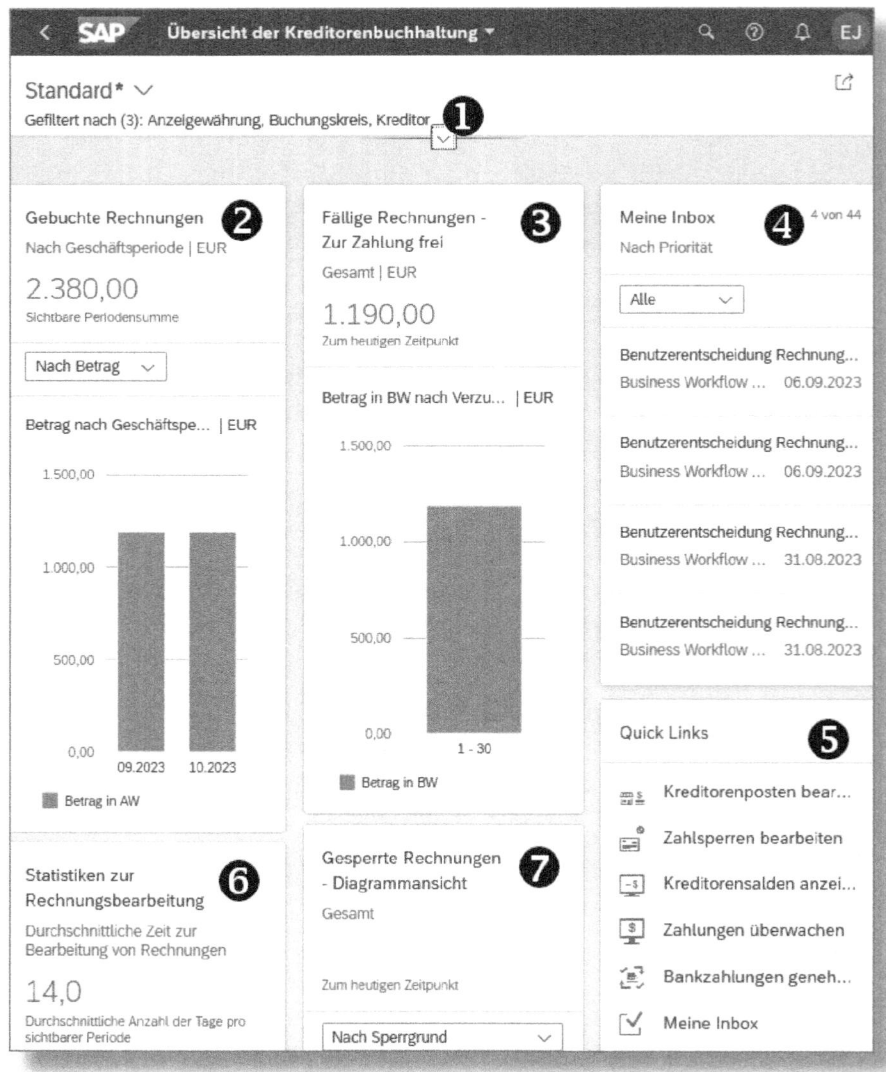

Abbildung 5.14: Übersicht der Kreditorenbuchhaltung

5.4 Bestellentwicklung – Integration

Den Fortschritt des Prozesses von der Bestellung bis hin zur Rechnung können Sie einfach und schnell mit der Fiori-App »Prozessablauf anzeigen – Kreditorenbuchhaltung« ermitteln (siehe Abbildung 5.15).

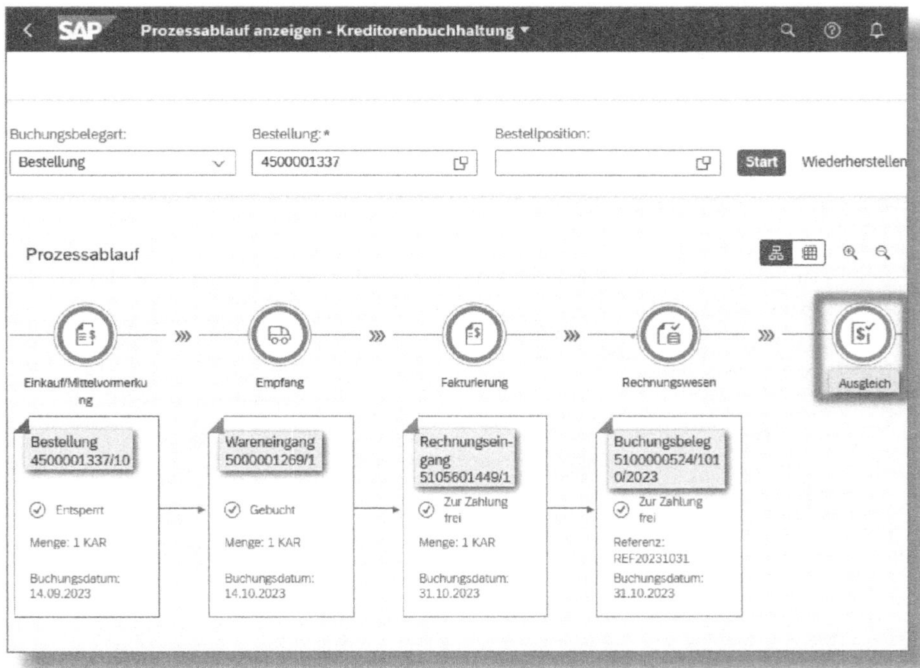

Abbildung 5.15: Prozessablauf anzeigen – Kreditorenbuchhaltung

BESTELLUNG, WARENEINGANG, RECHNUNGSEINGANG und BUCHUNGSBELEG sind durch ein kreisförmiges Symbol mit grünem Rand als erledigt gekennzeichnet, hingegen steht der Zahlungsausgleich durch die Kreditorenbuchhaltung (rechteckig eingerahmt) noch aus.

Einen für diesen Prozessablauf vergleichbaren Informationsgehalt gab es bereits in SAP ERP, wenn auch grafisch nicht so schön aufbereitet, aber zumindest in Listenform. Mit SAP S/4HANA neu dazugekommen ist, dass Sie standardmäßig das *SAP Business Network* (nicht zu verwechseln mit dem *Ariba Network*) einbinden können. Das ist eine komfortable Möglichkeit, Bestellungen, Anfragen, Bestellbestätigungen und Lieferavise zu versenden. Hinzu kommt die Integration der Rechnungen und deren Statusaktualisierung. Die meisten während des Beschaffungsprozesses auftretenden Nachrichten können Sie direkt über das Netzwerk austauschen.

Bei Bedarf müssen Sie das SAP Business Network nur aktivieren und einrichten, es ist **kein** separates, mit Lizenzkosten verbundenes Add-on notwendig.

5.4.1 Bestellkooperation

Die *Bestellkooperation* vereint Übertragungsfunktionalitäten für Bestellungen und auftragsbezogene Belege, die über das SAP Business Network abgewickelt werden, und zwar

- lückenlose Interkommunikation für den Bestellprozess (Bestellungen anlegen, ändern und stornieren, Lieferantenbestätigungen und Lieferavise übertragen) und
- bei Einsatz des *Supplier Enablement Services* von Ariba Unterstützung des Lieferanten beim Einstieg in das Netzwerk.

Daraus ergeben sich folgende Vorteile:

- geringere Fehlerquote durch automatisierte Übertragungsabläufe
- schnellere Kommunikation zwischen Einkäufer und Lieferanten
- geringere Kosten dank Interaktion mit dem größten zusammenhängenden Geschäftsnetzwerk
- merklich reduzierte Beschaffungskosten durch die Vermeidung zeitraubender Tätigkeiten für Einkäufer und Lieferanten

☛ Details zum SAP Business Network

Zusätzliche Informationen finden Sie unter https://www.sap.com/products/business-network.html.

5.4.2 Rechnungskooperation

Unter dem Begriff *Rechnungskooperation* werden Übertragungsfunktionalitäten für die Rechnungsstellung zusammengefasst, die über das SAP Business Network abgewickelt werden. Dazu gehören:

- automatisierte und effiziente Interaktionen zwischen Einkäufer und Lieferanten,
- Rechnungen unterliegen einer automatischen Überprüfung,
- Belegaustausch wird in den gewohnten Prozessablauf integriert.

Sie erzielen damit folgende Vorteile:

- Nutzung eines zentralen Netzwerks mit digitalen Standardschnittstellen für Rechnungen
- automatisierte Rechnungsprüfung bewirkt schnellere Genehmigungsverfahren und erhöht die Produktivität der Buchhaltung
- digital signierte Rechnungen verhindern Rechnungsabweichungen
- Lieferanten haben stets Einblick in den Rechnungsstatus und müssen nicht telefonisch oder per E-Mail nachfragen
- elektronisch versendete Rechnungsdaten ersparen papiergebundene Prozessabläufe und reduzieren dadurch die Beschaffungskosten

6 Reporting

In diesem Kapitel lernen Sie ausschließlich Auswertungen kennen, die sich in SAP S/4HANA als Fiori-App aufrufen lassen. Die zahlreichen von SAP ERP übernommenen Auswertungsmöglichkeiten stehen auch hier nicht mehr im Blickfeld.

Die vorgestellten Anwendungen für die Analysen greifen nur auf SAP-S/4HANA-Echtzeitdaten zu und sind nicht mit dem *SAP Business Warehouse (SAP BW/4HANA)* verbunden, bei dem extrahierte und/oder externe Datenquellen verarbeitet werden.

6.1 Einkauf

Für den Einkauf bietet sich die SAP-Fiori-Launchpad-Kachelgruppe *Einkaufsanalysen* an, die sehr viele Reporting-Apps umfasst (siehe Abbildung 6.1). Da Übersichtlichkeit und Lesbarkeit bei dieser Darstellung gering sind, habe ich eine durchsuchbare Liste angeschlossen.

Die folgende Auflistung der Reports soll Ihnen bei der Lösungsfindung für die wichtigsten Themen im Einkaufsprozess helfen:

- Lieferantenbewertung nach Menge/Zeit/Preis/Fragebogen/Qualität/benutzerdefinierten Erklärungen
- Bewertung der Lieferantenleistung
- Lieferantenbewertung gesamt
- Kontraktunabhängige Ausgaben
- Ausschöpfung Wertkontrakt/Mengenkontrakt
- Nicht verwendete Kontrakte
- Nicht berücksichtigte Kontrakte
- Auslaufende Kontrakte

Abbildung 6.1: Kachelgruppe »Einkaufsanalysen«

- Banf: Kein Bearbeitungsaufwand
- Durchschnittliche Genehmigungszeit für Banfen – Freigabestrategie/Flex. Workflow
- Arten der Bestellanforderungsposition
- Änderungen der Bestellanforderungsposition
- Aktivitäten der Einkäufergruppe

- Überfällige Bestellpositionen
- Ausgabenabweichungen
- Einkaufsausgaben – Ausgabenvergleich
- Ausgaben außerhalb des Einkaufs
- Durchschnittliche Bestellungslieferzeit
- Zykluszeit von Banf zu Bestellung
- Lieferplanausschöpfung
- Änderungen an Bestellungen
- Automatisierungsquote für Bestellausgabe
- Automatisierungsquote für eingehende Lieferantenrechnungen
- Rechnungspreisabweichung

Jenseits dessen finden Sie eine Vielzahl weiterer Reporting-Apps in anderen Kachelgruppen. Um diese aufzurufen, navigieren Sie über das *Benutzeraktionsmenü* (siehe ❷ in Abbildung 1.1), klappen den APP-FINDER auf und suchen im KATALOG.

Als praktisches Beispiel möchte ich Ihnen die Analyse-App »Ausgaben außerhalb des Einkaufs« vorstellen, und zwar einmal in der Diagrammsicht (siehe Abbildung 6.2) und einmal in der Tabellensicht (siehe Abbildung 6.3).

❶ Der Aufriss des Diagramms zeigt WARENGRUPPE und KALENDERJAHR.

❷ Legende: Je Warengruppe sehen Sie zwei Balken:

- blau (oben): Ausgaben außerhalb des Einkaufs
- orange (unten): Gesamtausgaben

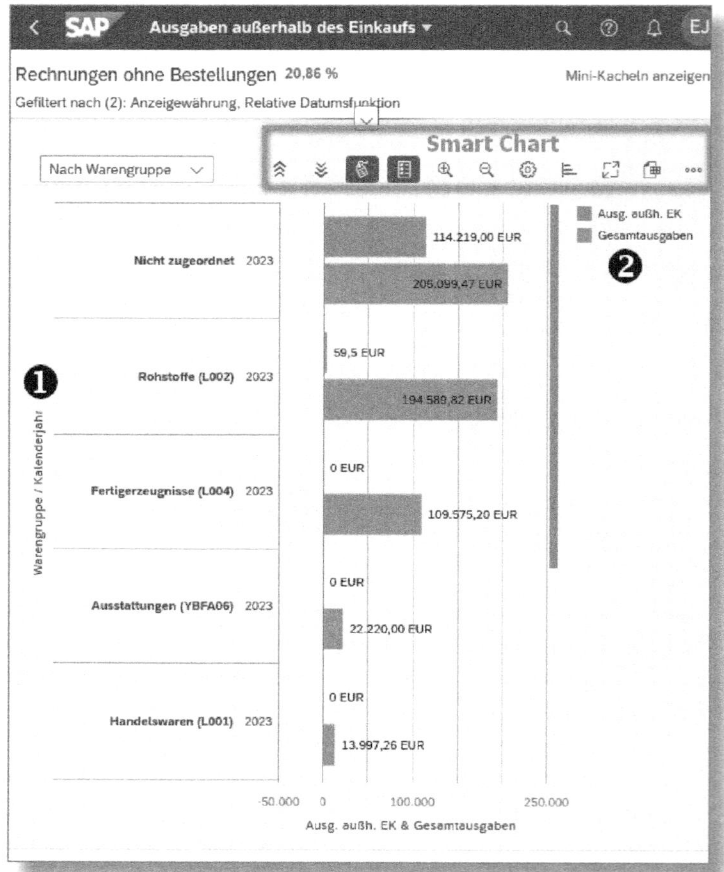

Abbildung 6.2: Ausgaben außerhalb des Einkaufs – Diagrammsicht

Der in der Abbildung umrandete und mit *Smart Chart* bezeichnete Bereich bietet Ihnen einige zusätzliche, hilfreiche Funktionen an:

- (Toggle für die Sichtbarkeit des Datenlabels): Zeigt Ihnen Werte für die einzelnen Balken an.
- (Eine Ebene tiefer): Reichern Sie die Grafik mit zusätzlichen Dimensionen an, so beispielsweise
  - angelegt von,
  - Anzeigewährung,

  - Belegart,
  - Buchhaltungsbelegnummer,
  - Buchungsdatum,
  - Buchungskreis,
  - Buchungskreiswährung,
  - Einkaufskategorienname,
  - Einkaufskategorie,
  - Fonds.
- (Aktuell selektierter Ausgabetyp (Diagramm)): Sie können verschiedene Variationen von Balken-, Säulen-, Linien-, Kreis-, Ring-, Streu- und Wasserfalldiagrammen auswählen.
- (in Tabellenkalkulation exportieren): Sie können eine Auswertung in Form einer Excel-Datei bis auf Ebene »Belegnummer« oder »angelegt von« erstellen.
- (Mehr): Dieser Button erscheint abhängig von der Bildschirmeinstellung Ihres Gerätes. Im obigen Beispiel verbirgt sich dahinter die Umschaltung von Diagrammsicht (siehe Abbildung 6.2) auf Tabellensicht (siehe Abbildung 6.3).

Nach Warengruppe | Nach Warengruppe (8)

Kalenderjahr	Warengruppe	Gesamtausgaben	Ausg. außh. EK
2023	Nicht zugeordnet	206.099,47 EUR	114.219,00 EUR
2023	Rohstoffe (L002)	194.589,82 EUR	59,50 EUR
2023	Fertigerzeugnisse (L004)	109.575,20 EUR	0,00 EUR
2023	Ausstattungen (YBFA06)	22.220,00 EUR	0,00 EUR
2023	Handelswaren (L001)	13.997,26 EUR	0,00 EUR
2023	Halbfabrikate (L003)	2.405,88 EUR	0,00 EUR
2023	NichtlagMat. mit ID (YBMM01)	147,33 EUR	0,00 EUR

Abbildung 6.3: Ausgaben außerhalb des Einkaufs – Tabellensicht

Die angezeigten Spalten in der Tabellensicht richten sich nach dem Aufriss in der Diagrammsicht (siehe ❶ in Abbildung 6.2).

Mit Klick auf [icon] oben rechts gelangen Sie zurück in die Diagrammsicht.

6.2 Bestandsführung

Auch für die Bestandsführung lässt sich mittels App-Finder, verteilt in den verschiedensten Kachelgruppen, eine Reihe von Analyse-Apps ausmachen. Beispielhaft möchte ich Ihnen in der Kachelgruppe »Bestandsverwaltungsübersicht« die Fiori-App »Bestandsführungsübersicht« zeigen (siehe Abbildung 6.4).

Hinsichtlich der Bedienung dieser Übersichts-App möchte ich Sie gerne auf die Beschreibung zur App »Beschaffungsübersicht« in Abschnitt 3.5.1 verweisen. Hier konzentrieren wir uns auf die Reporting-Darstellungen.

Folgende Karten stehen Ihnen zur Verfügung:

- BESTANDSWERT NACH SONDERBESTANDSART
- BESTANDSWERT NACH BESTANDSART
- LAGERDURCHSATZHISTORIE: Wenn Sie auf die Kopfzeile klicken, öffnet sich die App »Warenbewegungsanalyse«
- ÜBERFÄLLIGE MATERIALIEN – WARENEINGANGSSPERRBESTAND: Absprung in die App »Überfällige Materialien – Wareneingangssperrbestand«
- ÜBERFÄLLIGE MATERIALIEN – TRANSITBESTAND: Absprung in die App »Überfällige Materialien – Transitbestand«
- BESTELLPOSITIONEN ÜBERWACHEN: Absprung in die App »Bestellpositionen überwachen«
- ZULETZT VERWENDETE MATERIALBELEGE: Absprung in die App »Materialbelegsübersicht«

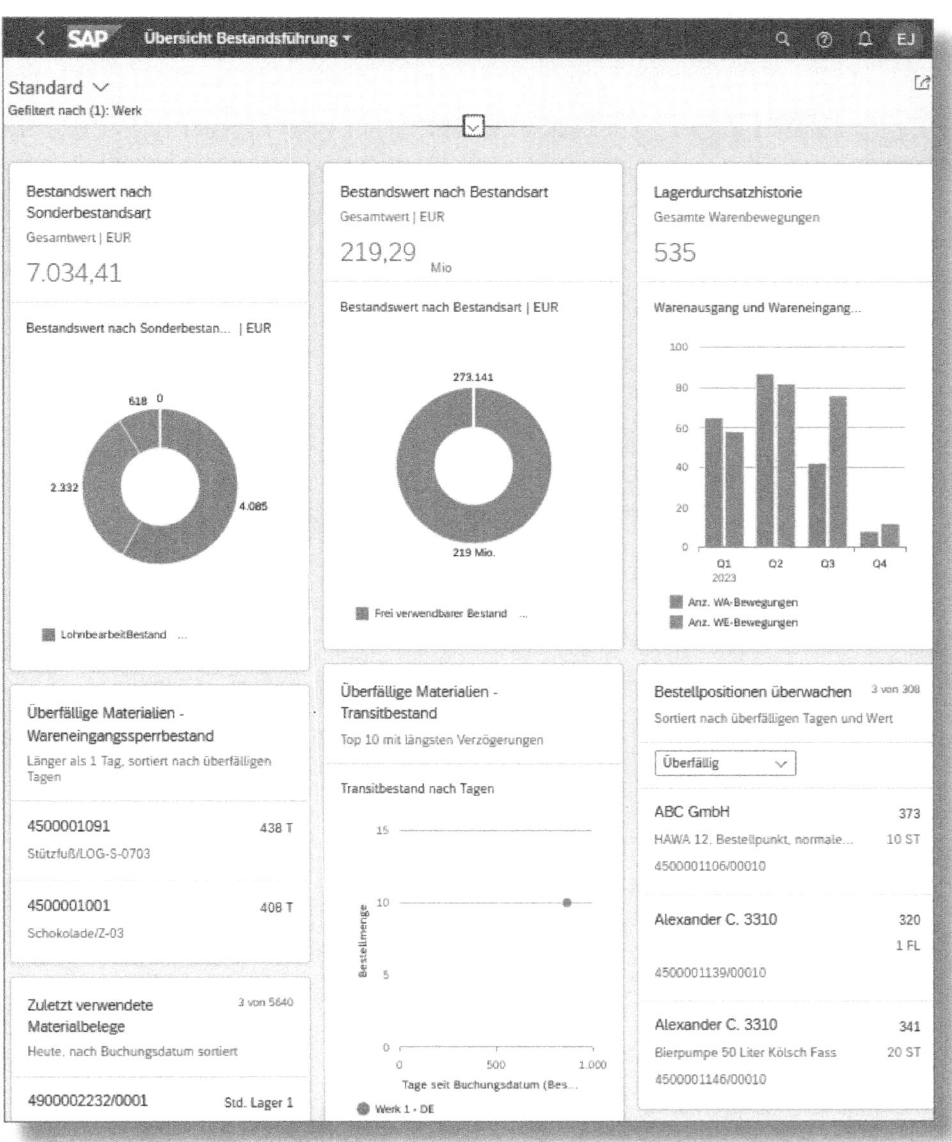

Abbildung 6.4: Übersicht Bestandsführung

Wenn Sie beim Durchforsten Ihrer Bestände Aufklärungsbedarf haben, kann mitunter eine Analyse der Warenbewegungen nützlich sein. Mit der Fiori-App »Warenbewegungsanalyse« können Sie sich einen Report nach Maß anfertigen lassen (siehe Abbildung 6.5).

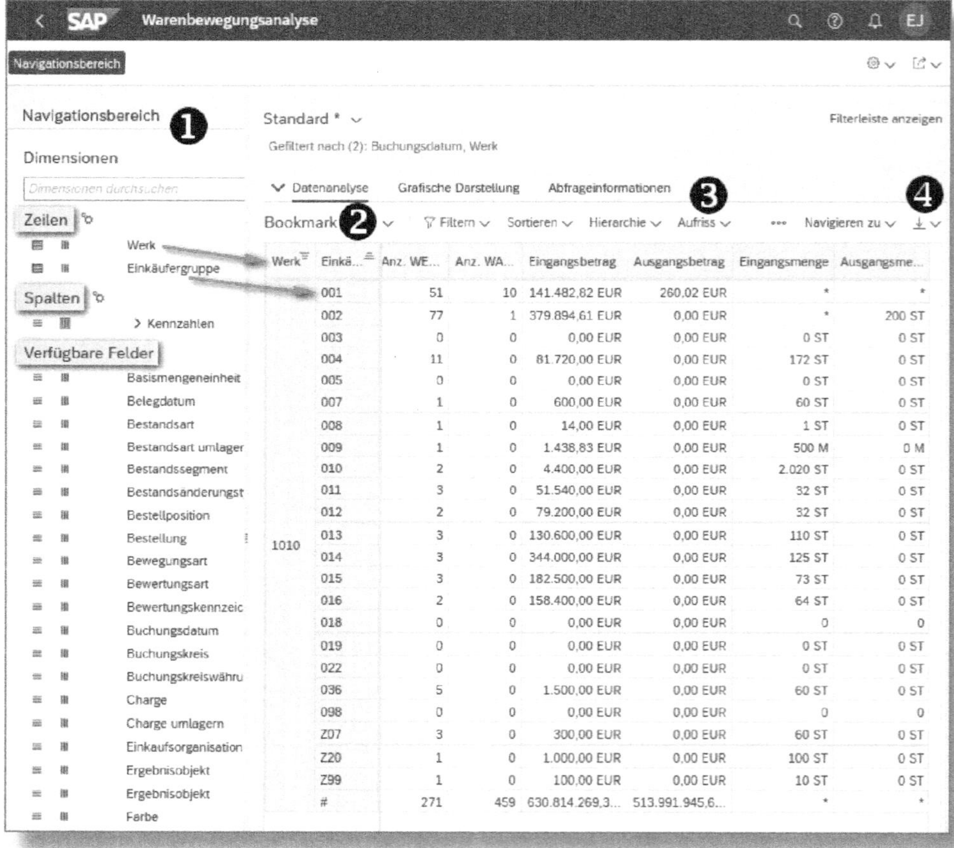

Abbildung 6.5: Warenbewegungsanalyse

❶ NAVIGATIONSBEREICH: Es besteht eine große Auswahl an VERFÜGBAREN FELDERN (ca. 90), denen Sie unter Zuhilfenahme der beiden folgenden Symbole jeweils ZEILEN oder SPALTEN zuordnen können:

- ▤ – Feld zu Zeilenachse hinzufügen/aus Zeilenachse entfernen
- ▥ – Feld zu Spaltenachse hinzufügen/aus Spaltenachse entfernen

❷ BOOKMARK: Hier sichern bzw. verwalten Sie Ihre eigenen Reporteinstellungen

❸ AUFRISS: Hier können Sie ebenfalls Felder hinzufügen (gleicher Inhalt, andere Vorgehensweise wie in ❶) und zusätzlich die Achsen vertauschen

❹ Laden Sie Ihren generierten Report als Excel- oder PDF-Datei herunter

Damit kennen Sie zwei meines Erachtens besonders typische und häufig eingesetzte Reporting- bzw. Analyse-Apps in der Bestandsführung. Selbstverständlich existiert darüber hinaus noch eine Vielzahl an Apps für die verschiedensten Anforderungs- und Themengebiete. Anhand dieser Auswahl möchte ich Ihnen vor allem einen grafischen und ablauftechnischen Eindruck von SAP-S/4HANA-Reports vermitteln.

6.3 Rechnungsprüfung

Die Rechnungsprüfung ist organisatorisch in der Buchhaltung angesiedelt, aber dennoch ein Thema, das für den Einkauf und die Bestandsführung als Prozessabschluss von Interesse ist. Im Folgenden erhalten Sie einen Überblick, welche Apps dafür in SAP S/4HANA zur Verfügung stehen.

Eine Vielzahl an Analyse-Apps für die Rechnungsprüfung bietet die SAP-Fiori-Launchpad-Kachelgruppe »Analytische Funktionen für die Kreditorenbuchhaltung« (siehe Abbildung 6.6).

Auch an dieser Stelle folgt noch einmal eine Auflistung der für sich sprechenden App-Namen:

- Überfällige Verbindlichkeiten – Heute
- Kreditorenlaufzeit – Letzte 12 Monate
- Skontovorschau – Verfügbarer Betrag
- Altersstrukturanalyse – Zahlbarer Betrag
- Zukünftige Verbindlichkeiten – Heute

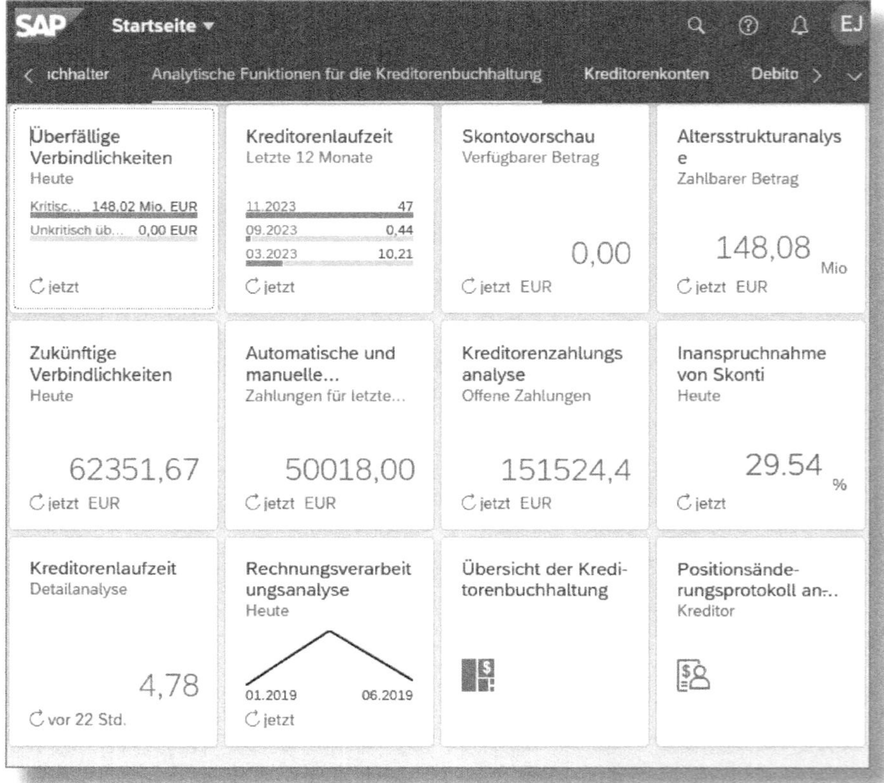

Abbildung 6.6: Analytische Funktionen der Kreditorenbuchhaltung

- Automatische und manuelle Zahlungen – Zahlungen für das letzte Jahr
- Kreditorenzahlungsanalyse – Offene Zahlungen
- Inanspruchnahme von Skonti – Heute
- Kreditorenlaufzeit – Detailanalyse
- Rechnungsverarbeitungsanalyse – Heute
- Übersicht der Kreditorenbuchhaltung (siehe Detailbeschreibung in Abbildung 5.14)
- Positionsänderungsprotokoll anzeigen – Kreditor

Eine weitere SAP-Fiori-Launchpad-Kachelgruppe für die Rechnungsprüfung heißt »Lieferantenrechnungsbearbeitung«; sehen Sie dazu eine Auflistung der Fiori-Apps (SAP-GUI-Transaktionen sind hier nicht berücksichtigt):

- Liste der Lieferantenrechnungen
- Bestellanzahlungen überwachen
- Bestellpositionen nach Kontierung
- Bestellanforderungspositionen nach Kontierung
- Einkaufskontraktpositionen nach Kontierung

7 Optimierte Einkaufsabwicklung

In Kapitel 2 habe ich Ihnen wichtige Erleichterungen für den Prozessablauf mit SAP S/4HANA in Bezug auf Stammdaten und Bezugsquellen vorgestellt. Nun möchte ich Ihnen noch zusätzliche Möglichkeiten der Prozessoptimierung mithilfe von *Orderbüchern* und *Quotierungen* aufzeigen.

7.1 Orderbücher

Mit dem *Orderbuch (OB)* können Sie Bezugsquellen für ein Material auf Werksebene zeitabhängig festlegen bzw. sperren. Bei der automatischen Bezugsquellenermittlung berücksichtigt das System diese Orderbucheinträge sowohl im Einkauf als auch bei der Bedarfsplanung (Disposition).

Im Wesentlichen hilft Ihnen das Orderbuch bei der Anwendung folgender Funktionen:

- Sie definieren die Bezugsquelle für einen bestimmten Zeitraum (z. B. für das Sommerhalbjahr) als »fix«.
- Sie definieren die Bezugsquelle für einen bestimmten Zeitraum als »gesperrt«.
- Sie steuern, wie diese Bezugsquelle in der Disposition verwendet werden soll:
    - In der Dispo generierte Banfen werden dieser Bezugsquelle automatisch zugeordnet.
    - Wenn die Bezugsquelle ein Lieferplan ist, dann zieht die Dispo diesen Eintrag zur Lieferplaneinteilung heran.
    - Die Bezugsquelle wird in der Dispo nicht berücksichtigt.

Sie können ein Orderbuch auf verschiedene Arten anlegen:

- Sie erstellen die Einträge manuell.

- Sie lassen das Orderbuch automatisch vom System generieren, indem es alle vorhandenen und relevanten Infosätze und Rahmenvertragspositionen (Kontrakte und Lieferpläne) übernimmt. Anschließend können die Orderbuchsätze noch manuell angepasst werden.
- Mit dem automatischen Verfahren können Sie mehrere Materialien in einem Orderbuchsatz zusammenfassen (*Sammelverfahren*) und das Ergebnis mittels Simulationsfunktion kontrollieren.

Ich zeige Ihnen anhand unserer Beispieldaten die automatisch vom System generierte Anlage eines Orderbuches mit der Fiori-App »Orderbücher verwalten« (siehe Abbildung 7.1).

Vorhanden sind der Infosatz 5300001184 (erstellt in Abschnitt 2.3.1) und der Kontrakt 4600000032 (siehe Abschnitt 2.3.2).

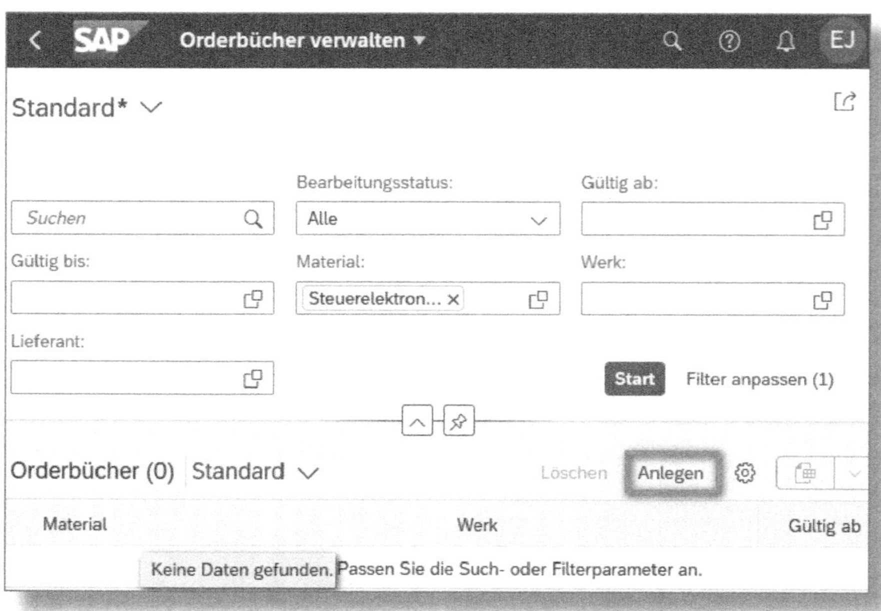

Abbildung 7.1: Orderbuch anlegen – Einstieg

Für das MATERIAL Steuerelektronik (764) existieren noch keine Einträge von Orderbuchsätzen. Mit einem Klick auf Anlegen gelangen Sie zum nächsten Schritt (siehe Abbildung 7.2).

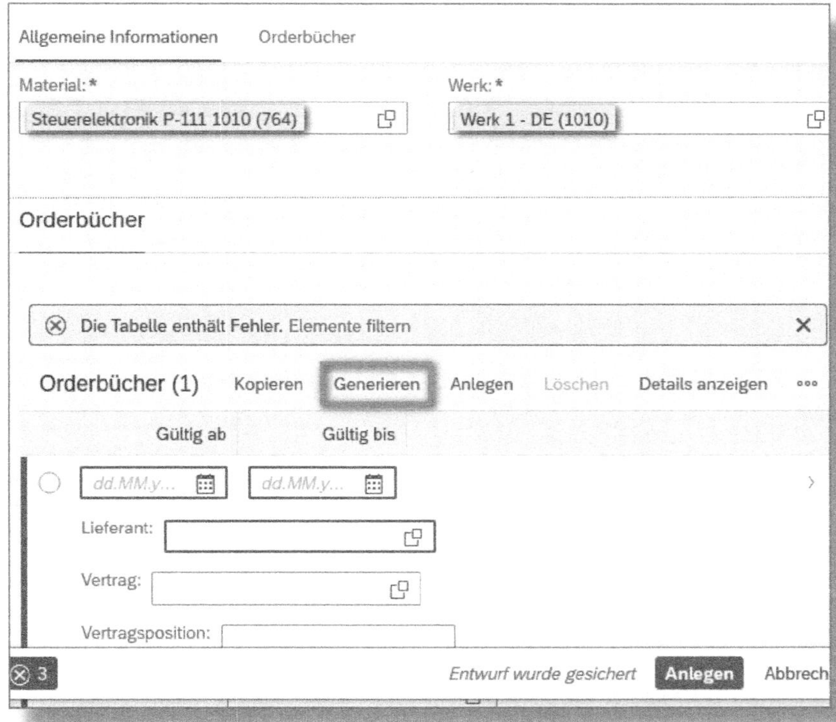

Abbildung 7.2: Orderbuch anlegen – Allgemeine Informationen

Pflegen Sie die Felder MATERIAL und WERK (falls noch nicht vorbelegt).

Die Fehlermeldungen lassen Sie außer Acht, diese müssen Sie nur bei manueller Weiterbearbeitung berücksichtigen. Da wir dem System das Suchen der bestehenden Bezugsquellen überlassen wollen, klicken wir auf den Button GENERIEREN und leiten so den nächsten Schritt der automatischen Suche der vorhandenen Bezugsquellen (Infosätze und Kontrakte) ein (siehe Abbildung 7.3).

Abbildung 7.3: Orderbuch anlegen – Generierte Orderbücher

❶ Zuerst pflegen Sie den Zeitrahmen in den Feldern GÜLTIG AB und GÜLTIG BIS und klicken auf Start. Erst danach sehen Sie die beiden vom System gefundenen Einträge.

❷ Von den beiden generierten Orderbuchsätzen ist der erste die VEREINBARUNG *4600000032* (Wertkontrakt), und der zweite ist der Infosatz 5300001184 (die Nummer wird nicht angezeigt). Beide sind dem LIEFERANTEN *1001080* zugewiesen (unterschiedliche Lieferanten für ein Material wären natürlich auch möglich).

Das GÜLTIG-BIS-Datum *30.06.2024* im ersten Orderbucheintrag wurde vom Kontrakt *4600000032* übernommen. Das GÜLTIG-BIS-Datum 31.12.9999 des Infosatzes wurde im zweiten Orderbucheintrag mit dem *31.12.2024* aus dem Zeitrahmen ❶ überschrieben.

Wenn Sie für das Material bereits andere relevante Orderbucheinträge haben, klicken Sie auf den Button ZU VORHANDENEM HINZUFÜGEN oder auf VORHANDENES ERSETZEN. Die letzte Option ist in unserem Fall von Vorteil, weil der fehlerhafte Einstieg in Abbildung 7.2 damit gleich eliminiert wird.

Die auftretende Warnung übergehen Sie mit OK; danach erscheint wieder der Ausgangsbildschirm – nun mit den beiden neuen Einträgen. Dort können Sie bei Bedarf noch Anpassungen vornehmen, so z. B. die Gültigkeit oder den BEARBEITUNGSSTATUS.

Bevor ich die Orderbucheinträge ändere, sichere ich diese. Nach Klick auf Anlegen erscheint die Meldung OBJEKT ANGELEGT.

Nun möchte ich den ersten Orderbucheintrag, der sich auf den Kontrakt 4600000032 bezieht, für Dispo und Lieferpläne bestimmen und den zweiten Orderbucheintrag, der vom Infosatz stammt, dem Einkauf zuordnen (siehe Abbildung 7.4).

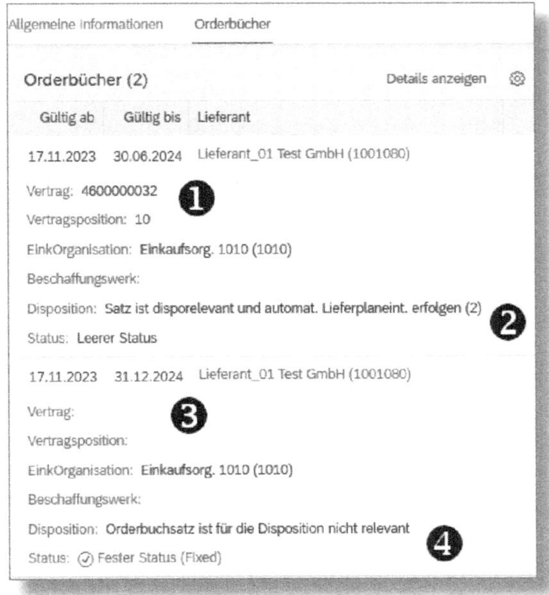

Abbildung 7.4: Orderbuch anlegen – Ergebnis

❶ Der VERTRAG *4600000032* ist nun durch das Kennzeichen »2« im Bereich DISPOSITION ❷ für die Dispo und die Lieferpläne vorgesehen.

❸ Dieser Eintrag stammt vom Infosatz.

❹ Das Kennzeichen DISPOSITION schließt die Relevanz für Dispo und Lieferpläne aus. Der STATUS *Fester Status (Fixed)* besagt, dass dieser Eintrag erste Priorität hat, für Dispo und Lieferpläne allerdings ausgeschlossen ist.

Das Ergebnis dieses Beispiels ist: Der Vertrag wird sowohl für die Dispo als auch für Lieferpläne herangezogen, der zweite Eintrag nur für die einkaufsbezogenen Belange. Sie erinnern sich: Ohne diese Regelung hätte der Kontrakt erste Priorität und der Infosatz wäre nachrangig (siehe Abschnitt 3.2.1).

7.2 Quotierungen

Über die *Quotierung* können Sie im Fall verschiedener Bezugsquellen für ein Material regeln, welcher Lieferant welche Quote (Menge) liefern soll. Die Quotierung bezieht sich daher immer nur auf **ein** Material, das von einem oder mehreren Lieferanten bezogen wird und in ein oder mehrere Werke geliefert werden soll.

Gegenüber allen anderen Bezugsquellen dieses Materials hat die Quotierung die höchste Priorität. Sollten Rahmenvertragspositionen als Bezugsquelle gefunden werden, dann müssen Sie diese entweder mit dem Dispositionskennzeichen »1« (Satz ist für die Disposition relevant) oder »2« (Satz ist disporelevant und automatische Lieferplaneinteilungen erfolgen) im Orderbuch kennzeichnen (siehe ❷ in Abbildung 7.4). Falls noch kein Orderbuch vorhanden ist, müssen Sie eines anlegen.

Quotierungen sind ein sehr variantenreiches Thema, ich zeige Ihnen eine einfache Anwendung, aufbauend auf unserem Beispiel mit dem Material 764: Es soll zum LIEFERANTEN *1001080* für einen begrenzten Zeitraum ein weiterer LIEFERANT *1001088* dazukommen und mit PRIORITÄT »1« versehen werden (siehe Abbildung 7.7).

Für den ersten Lieferanten (*1001080*) ist bereits ein Orderbuch mit Kontrakt (Rahmenvertragsposition) und Infosatz aktiv. Für den zweiten Lieferanten (*1001088*) habe ich zu diesem Beispiel noch einen Infosatz angelegt.

Beim Öffnen der Fiori-App »Quotierungen verwalten« erscheint die in Abbildung 7.5 gezeigte Maske.

SAP
Quotierungen verwalten
Standard*
Bearbeitungsstatus:
Material:
Suchen
Alle
ronik P-111 1010 (764)
Werk:
Gültigkeit:
Werk 1 - DE (1010)
Start
Filter anpassen (2)
Quotierungen (0) Standard
Anlegen
Löschen
Werk
Gültig von
Gültig bis
Mindestsplittungsmenge
Keine Daten gefunden. Passen Sie die Such- oder Filterparameter an.

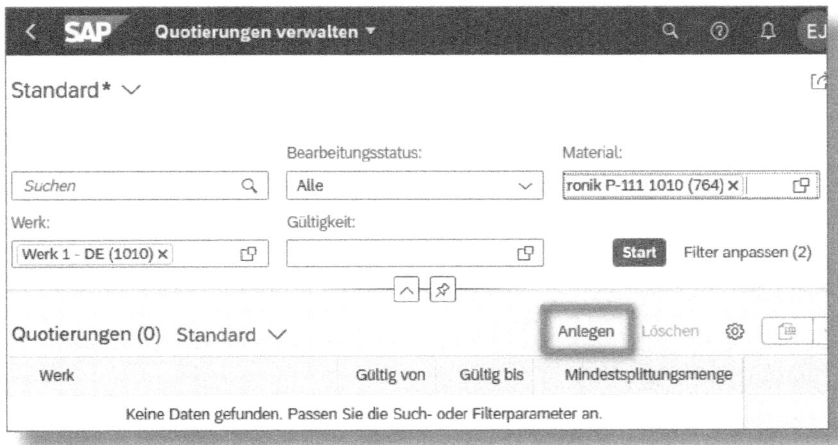

Abbildung 7.5: Quotierungen verwalten – Einstieg

Zunächst können Sie mit der Eingabe von MATERIAL *764* und einem Klick auf Start überprüfen, ob bereits eine Quotierung zu diesem Material vorhanden ist. Mit einem Klick auf Anlegen gelangen Sie zum nächsten Schritt (siehe Abbildung 7.6).

Allgemeine Informationen

Allgemeine Informationen
Quotierungspositionen
Material:
Steuerelektronik P-111 1010 (764)
Gültig von:
01.10.2023
Werk:
Werk 1 - DE (1010)
Gültig bis:
31.12.2024
Mindestsplittungsmenge:
10 Stück (ST)
Basismengeneinheit:
Stück (ST)

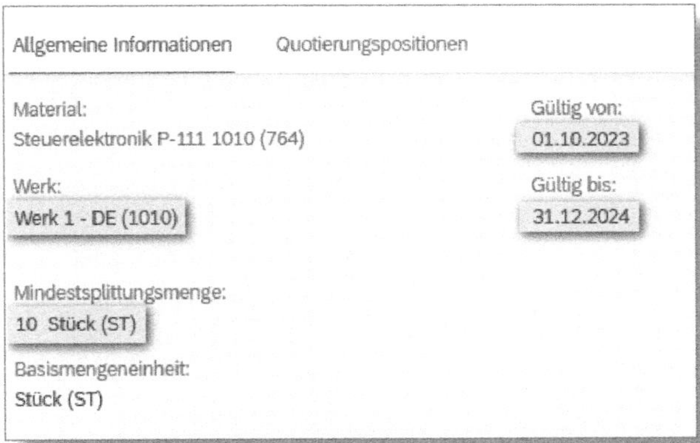

Abbildung 7.6: Quotierungen verwalten – Allgemeine Informationen

Pflegen Sie den Zeitrahmen der Quotierung in GÜLTIG VON und GÜLTIG BIS sowie das WERK (wenn nicht vorbelegt).

Die MINDESTSPLITTUNGSMENGE ist für den Bedarfsplanungslauf (MRP) vorgesehen, damit die zu splittenden Bezugsquellen vom System berechnet werden können.

Quotierungspositionen

In dieser Registerkarte pflegen Sie die benötigten Quotierungen (siehe Abbildung 7.7).

Im Beispiel sehen Sie zwei Positionen, die das System aufgrund der gefundenen Infosätze vorschlägt und die je nach Situation nachgepflegt werden müssen.

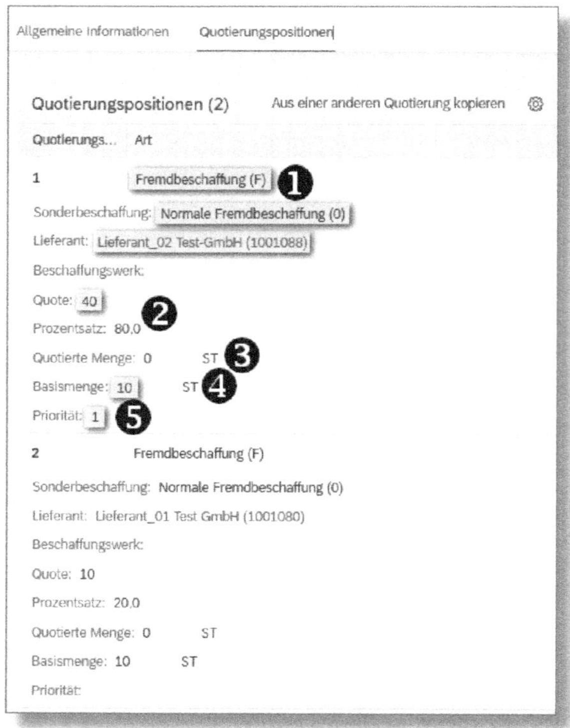

Abbildung 7.7: Quotierungen verwalten – Positionen

❶ Legen Sie die Beschaffungsart fest

- F – Fremdbeschaffung
- E – Eigenfertigung

❷ QUOTE: Das ist der Anteil, der von dieser Bezugsquelle beschafft werden soll. Sie geben die QUOTE vor, das System errechnet den PROZENTSATZ.

❸ QUOTIERTE MENGE: Das System kumuliert die Beschaffungsmenge für jeden Quotensatz.

❹ Die Quoten-BASISMENGE können Sie selbst vorgeben oder aber vom System errechnen lassen.

❺ Sie können hier eine PRIORITÄT festlegen; z. B. wird diese Orderbuchposition in Verbindung mit einer maximalen Abrufmenge (ohne Abbildung) so lange als erste Bezugsquelle bevorzugt, bis die maximale Menge entnommen ist.

8 Zusammenfassung

In diesem Tutorial haben Sie die Geschäftsprozesse der Beschaffung, Warenbewegungen und Rechnungsprüfung kennengelernt. Im Vordergrund standen dabei die Applikationen in SAP S/4HANA, die Möglichkeiten des Vorsystems SAP ERP habe ich bewusst nur zum Vergleich herangezogen.

Für ein grundlegendes Verständnis der Beschaffungsszenarien in SAP S/4HANA konnten Sie die Beschaffung eines Lagerartikels als End-to-End-Prozess an einem Beispiel verfolgen.

Das Kapitel »Grundlagen im Beschaffungsprozess« hat Sie mit den wichtigsten Schritten eines klassischen **P2P-Kernprozesses** vertraut gemacht. Danach konnten Sie sich detailliert mit den wichtigsten Vorarbeiten für den operativen Prozesseinstieg auseinandersetzen, und zwar mit

- Organisationsebenen: Buchungskreis, Werk, Lagerort und Einkaufsorganisation werden in der Regel nur einmal gepflegt und bei Bedarf angepasst;
- Stammdaten: Lieferant und Materialstamm pflegen Sie laufend, beide sind für den reibungslosen Geschäftsablauf wichtig;
- Bezugsquellen und Konditionen: Infosätze, Kontrakte und Lieferpläne geben alle vorhandenen Daten für die Geschäftsabläufe vor und verhelfen Ihnen so zu effizienten und beschleunigten Durchlaufzeiten.

Die »Bestellabwicklung« wird durch den Bedarfsanforderer mit einer **Bestellanforderung** angestoßen, woraufhin der Einkauf mit seiner operativen Tätigkeit beginnt und eine **Bestellung** erstellt. Im entsprechenden Kapitel haben Sie viele Möglichkeiten kennengelernt, wie Sie eine Bestellung verwalten, den Status überprüfen und übersichtlich nachverfolgen können. Anhand des Beispiels der Beschaffung eines Lagermaterials konnten Sie einen gesamten Geschäftsprozessablauf verfolgen. Ergänzend wurden Unterschiede für Verbrauchsmaterial aufgezeigt, bei denen die Kontierungsanforderungen gegenüber dem Lagermaterial abweichen.

Mit dem Kapitel »Wareneingang und Warenbewegungen« sind Sie in der **Bestandsführung** angekommen. Ohne viele Eingaben haben wir einen Wareneingang gebucht sowie im Hintergrund Material- und Buchungsbelege erstellt. Zusätzlich ist der Integrationsaspekt zu anderen SAP-Modulen erläutert worden, allen voran die Verlinkung zum Finanzbereich, aber auch zur Lagerverwaltung und Disposition. Weitere Themen in der Bestandsführung waren die Bestandsarten (frei verwendbarer, gesperrter Bestand und Qualitätsprüfbestand) und die Bestandsübersicht, die Sie als Überblick gesamt, detailliert und grafisch nach eigenen Bedürfnissen erstellen können.

Als letzten Schritt des End-to-End-Prozesses habe ich Ihnen die **Rechnungsprüfung** im gleichnamigen Kapitel vorgestellt, abgewickelt mithilfe eines WE/RE-Kontos. Hier konnte ich Ihnen die neuen SAP-S/4HANA-Analysemöglichkeiten der intelligenten Waren- und Rechnungseingangskontenabstimmung beschreiben. Der Prozessablauf mit der Erstellung der Lieferantenrechnung, meist von der Kreditorenbuchhaltung ausgeführt, war in diesem Kapitel das zentrale Thema. Den Abschluss bildete der integrative Aspekt von der Bestellung bis hin zur Rechnungsprüfung, unterstützt durch das zusammenhängende Beispiel, das Sie durch das gesamte Tutorial begleitet hat.

Im Kapitel »Reporting« haben Sie gängige und wichtige Auswertungen für alle P2P-Prozessschritte kennengelernt. Beschäftigen Sie sich damit! Es eröffnet Ihnen fast unendlich viele Möglichkeiten, aktuelle Informationen grafisch oder im Listenformat darzustellen. Sie werden mit solchen Reports bei Ihren Kollegen beliebt und sehr gefragt sein.

Wichtig waren mir am Ende noch zwei Tools für eine **optimierte Einkaufsabwicklung**: Orderbücher und Quotierungen. Beide bringen Ihnen im fortgeschrittenen Stadium wesentliche Erleichterungen in der Prozessautomatisierung.

Ich hoffe, Sie konnten mit diesem Tutorial genug an Theorie und praktischen Beispielen mitnehmen, um für die neue Zeit mit SAP S/4HANA bestens gerüstet zu sein. Viel Spaß und Erfolg mit SAP S/4HANA P2P!

A Der Autor

Erwin Janits begann seine berufliche Laufbahn nach einer IT-Fachausbildung. Er war bei namhaften IT-Unternehmen und in den letzten 23 Jahren bei IBM Global Business Services in Projekten rund um die Welt tätig. Zu seinen Schwerpunkten gehörten Analyse, Design und Umsetzung von Geschäftsprozessen in den Bereichen Beschaffung, Intralogistik, Lagerwirtschaft sowie Lieferketten. Die systemische Abbildung basierte stets vornehmlich auf der Unternehmenssoftware von SAP sowie deren bedarfsbedingten Anbindungen.

Im Fokus seiner Tätigkeit standen Branchen wie Automobil, Telekommunikation, Konsumgüter, Rohstoffe, Metall und Elektronik, für die eine hohe Verlässlichkeit bei der Verfügbarkeit von Verbrauchs- und Lagermaterial für Produktion oder Vertrieb zu gewährleisten war. Besonders spannend gestalteten sich die Herausforderungen für den internationalen Warenverkehr und länderübergreifend organisierte Projekte. Dafür galt es, sein Wissen über mehr als vier Jahrzehnte stetig auf dem neuesten Stand zu halten bzw. zu erweitern.

B Index

A

ABC-Kennzeichen 53
Anlieferung (Avis) 111, 139
API-Integration 18
App-Finder 173
Ariba Buying 19
Ariba Catalog 18
Ariba Invoicing 19
Auftragsbestätigung 80, 111
Auftragsbestätigungspflicht 65
Ausgabesteuerung 86
Ausgabeverwaltung 115
automatische Bezugsquellenfindung 89
automatische Kontenfindung 113
automatische Wareneingangsabrechnung (ERS) 147

B

BAPI (standardisierte Programmschnittstelle) 16
Basismengeneinheit 48
Bedarfsanforderer 87, 94
Belegart 89
Belegfluss anzeigen 125, 161
Benutzeraktionsmenü 14, 173
Beschaffung 23
Beschaffungsprozess 17
Beschaffungsübersicht 120
Bestandsführung 24, 135, 136, 176
Bestandsführung & Inventur (MM-IM) 16
Bestandsüberwachung 144
Bestand umbuchen 145
Bestellabwicklung 87
Bestellanforderung (Banf) 87, 89
Bestellentwicklung 81, 119, 140, 167
Bestellfreigabe 129
Bestellkooperation 168
Bestellpunktdisposition 53
Bestellung
  anlegen 99
  verwalten 103
Bewertungsklasse 57
Bewertungskreis 57
Bewertungstyp 57
  Bewertungsart 57
Bezugsquellen 58
Bezugsquellenfindung 96
  Regeln 98
BRFplus 115
Bruttopreis 67
Buchungsbeleg (FI-Beleg) 137, 158

C

Cloud Computing 11
Customizing
  Einführungsleitfaden (IMG) 129
  Systemeinstellungen 20

D

Datenmodell
  MATDOC (Materialbelege) 15
  SAP-ERP-Tabellen 15
  Simplifikation 15
  Vereinfachung 14
Diagrammtyp 123
Dienstleistung 91
digitaler Kern (Digital Core) 17, 18
digitale Supply Chains 12
Dispogruppe 53
Dispo-Lauf, siehe MRP-Lauf 87
Dispo (Materialplanung) 82
Disposition (MRP, Bedarfsermittlung) 137
Dispositionsdaten 52

E

Effektivpreis 67
Eingangsrechnung 147
Einkauf/Beschaffung (MM-PUR) 16
Einkäufergruppe 36, 51
Einkaufsanalyse 171
Einkaufsorganisation (EkOrg) 36, 59, 70
Einkaufswerteschlüssel 49
Einteilung 74, 84
Einteilungssteuerung 82
Einzelposten 163
Endlieferungskennzeichen 107
Endrechnungskennzeichen 107
Extended Warehouse Management (EWM) 137

F

Finanzbuchhaltung (FI) 138
Freigabestrategie 96
frei verwendbarer Bestand 143
Funktion 13

G

geführter Einkauf 19
Genehmigung mit Workflow 131
Genehmigungsprozess 128, 129
Geschäftspartner (GP) 25
  Debitoren 25
  Kreditoren 25
Geschäftspartnerrollen 31
gesperrter Bestand 143
gleitender Durchschnittspreis 147

I

Inbox 95
Incoterms 39, 81, 107
Infosatz 58
Infosatz-Update 108
Internet der Dinge (IoT) 11

K

Karten 120, 121
  verwalten 120
Key Performance Indicator (KPI) 148
Konditionen 65
Konditionsart 67
Konditionssteuerung 63
Konsignation 75, 91
Kontenfindung 138, 163
Kontierung 94

Kontierungstyp 73
Kontrakt 68
Kontraktart 70
kostenlose Lieferung 81
Kreditorenstamm 27
  allgemeine GP-Daten 30
  Bankkonten 34
  Buchhaltungsdaten 42
  Einkaufsdaten 35
  Rollen 31
Kreditorenzahlung 164
Künstliche Intelligenz (KI) 12
Kurztext 92

L

Lagermaterial 73
Lagerverwaltung 137
Lagerverwaltungssystem (LVS) 137
Lieferantenbestätigung 110, 139
Lieferantenrechnung 154
Lieferinformationen 63
Lieferplan 68, 74
Lieferplanpositionen 75
Liefer- und Zahlungsbedingungen 71
Lieferverzögerung 62
Lohnbearbeitung 75, 91
Losgrößen 54

M

maschinelles Lernen (ML) 11
Materialbeleg (MM-Beleg) 137
Materialstamm 43
  Allgemeine Informationen 45
  Bewertungskreis 56
  Einkaufstexte 57
  Werksdaten 49
Materialwirtschaft (MM) 16
Meldebestand 54
Mengeneinheit 47
Mengenkontrakt 68
MM-IM 135
MM-PUR 135
mobile Benutzer 11
MRP-Lauf, siehe Dispo-Lauf 87

N

Nachricht
  anzeigen 117
  ausgeben 119
Navigationsdienst 13
Nettobedarfsrechnung 53, 55
Nettopreis 67
Next Generation 18
  Advanced Analytics 18
  IoT 18
  KI 18
  ML 18

O

offene Posten 164
operativer Einkauf 87
Orderbuch 96, 183
Organisationseinheit 20
  Buchungskreis 22
  Einkaufsorganisation (EkOrg) 23
  Lagerort 23
  Mandant 21
  Werk 22

P

P2P 17
- Procure-to-Pay 17
- Purchase-to-Pay 7, 17

Partnerrollen 39
Planlieferzeit 36
Preisfindung 105, 109
Preissteuerung 57
Procurement Operations Desk 19
Produkt 43
Prozessablauf 115

Q

Qualitätsprüfbestand 143
Quote 191
Quotierte Menge 191
Quotierung 96, 188

R

Rahmenbestellanforderung (FO) 89
Rahmenvertrag 68
Rechnungskooperation 169
Rechnungsprüfung 115, 147, 179
Rechnungsprüfung (MM-IV) 16
Referenzdaten 68
Registerkarten 30
Reporting 171
Reporting-Apps 171
- Bestandsführung 176
- Einkauf 171
- Rechnungsprüfung 179

S

S2P
- Source-to-Pay 18

SAP Ariba 12, 18
SAP Business Network 167
SAP Business Warehouse 171
SAP Customizing Einführungsleitfaden (IMG) 20
SAP ERP 7, 11
SAP Fiori 12
- Fiori-Apps 12
- SAP Fiori Launchpad 12

SAP GUI 26
SAP MM 135
SAP S/4HANA 11
SAPScript 116
SAP SLC 12
SAP SRM 12
Smart Chart 174
SmartForms 116
Sofortkäufe 19
Sourcing and Procurement 12
Spot Buy 19
Stammdaten 25
Standardpreis 147
Statusverfolgung Anforderer 123
Steuerkennzeichen 80, 109
Stock Room Management (StRM) 137
Streckenabwicklung 75
Supplier Enablement Services 168

T

Terminart 85
Textposition 90, 92
T-Konto-Sicht 163

U

Umlagerung 75
User Interface UI5 12

V

Verbrauchsmaterial 73, 113
Verfügbarkeitsprüfung 53

W

Warenbewegung 135
  Warenbewegungsarten 135
Wareneingang 115, 135, 138
Warengruppe 93
WE-bez. RP (WE-bezogene Rechnungsprüfung) 65
WE/RE-Kontenabstimmung 150
WE/RE-Konto 80, 147
Wertetabelle 28
Wertkontrakt 69
Wildcard 28
Workflow 95

Z

Zahllauf 164
Zahlungsabwicklung 147
Zahlungsbedingungen 37
zentrale Beschaffung 73

C Disclaimer

Die in diesem Werk wiedergegebenen Gebrauchsnamen, Handelsnamen, Warenbezeichnungen usw. können auch ohne besondere Kennzeichnung Marken sein und als solche den gesetzlichen Bestimmungen unterliegen. Sämtliche in diesem Werk abgedruckten Bildschirmabzüge unterliegen dem Urheberrecht der SAP SE, Dietmar-Hopp-Allee 16, 69190 Walldorf.

In dieser Publikation wird auf Produkte der SAP SE Bezug genommen. SAP®, ABAP®, ExpenseIt®, Joule, OpenSAP®, SAP ActiveAttention®, SAP® Adaptive Server® Enterprise, SAP® Advantage Database Server®, SAP® AppGyver®, SAP Ariba®, SAP Business ByDesign®, SAP® Business Explorer®, SAP® Bex, SAP® BusinessObjects, SAP® BusinessObjects Explorer®, SAP® BusinessObjects Web Intelligence®, SAP Business One®, SAP Business Workflow®, SAP BW/4HANA®, SAP Concur®, SAP® Crystal Reports®, SAP EarlyWatch®, SAP® Emarsys®, SAP Fieldglass®, SAP Fiori®, SAP Garden®, SAP® Global Trade Services (SAP® GTS®), SAP HANA®, SAP® Jam, SAP Lumira®, SAP MaxAttention®, SAP® MaxDB®, SAP NetWeaver®, SAP® PartnerEdge®, SAP® Sapphire®, SAP® PowerBuilder®, SAP® PowerDesigner®, SAP® R/3®, SAP® Replication Server®, SAP® Roambi®, SAP S/4HANA®, SAP S/4HANA® Cloud, SAP Signavio®, SAP® SQL Anywhere®, SAP Strategic Enterprise Management® (SAP® SEM®), SAP SuccessFactors®, SAP Vora®, Taulia®, The Best Run SAP®, TripIt® und weitere im Text erwähnte SAP-Produkte und -Dienstleistungen sowie die entsprechenden Logos sind Marken oder eingetragene Marken der SAP SE in Deutschland und anderen Ländern. Die Angaben im Text sind unverbindlich und dienen lediglich zu Informationszwecken. Produkte können länderspezifische Unterschiede aufweisen.

Der SAP-Konzern übernimmt keinerlei Haftung oder Garantie für Fehler oder Unvollständigkeiten in dieser Publikation. Der SAP-Konzern steht lediglich für SAP-Produkte und -Dienstleistungen nach der Maßgabe ein, die in der Vereinbarung über die jeweiligen Produkte und Dienstleistungen ausdrücklich geregelt ist. Aus den in dieser Publikation enthaltenen Informationen ergibt sich keine weiterführende Haftung.

Weitere Bücher von Espresso Tutorials

Christine Kühberger:

Materialwirtschaft (MM) in SAP S/4HANA® – Deltafunktionen und Customizing

- Kernfunktionalitäten der SAP-Materialwirtschaft in S/4HANA
- Überblick: SAP Simplification List im Einkauf und in der Bestandsführung
- Einführung in das Konzept des SAP-Geschäftspartners (Business Partner)
- Step by step: die neue Ausgabesteuerung in SAP S/4HANA

http://5556.espresso-tutorials.de

Ilka Dischinger:

Lohnbearbeitung mit SAP S/4HANA® – Einkaufs- und Produktionsprozess

- Sonderbeschaffung Lohnbearbeitung mit SAP S/4HANA
- Stammdaten inkl. Dispobereich und Fertigungsversion
- Prozessbeschreibung mit Lohnbearbeitungs-Cockpit
- Tipps und Tricks auch ohne Programmierung

http://5649.espresso-tutorials.de

Ingo Licha:

Rechnungsprüfung mit SAP® ERP (MM) – 2. Auflage

- Methoden der SAP-Rechnungsprüfung
- Rechnungserfassung mit der Transaktion MIRO
- Rechnungssperren, Freigabe und Vorabzahlungen
- 2. Auflage erweitert um themenspezifische Videos

https://es-tu.de/KutiUR

Ingo Licha:

Bestandsführung und Kontenfindung in SAP® ERP MM – 2. Auflage

- Umlagerung, Reservierung, Verfügbarkeitsprüfung und Retoure
- Sonderbestände, Konsignation, Pipeline- und Lohnbearbeitung
- Customizing in der Bestandsführung inklusive automatische Kontenfindung
- 2. Auflage erweitert um themenspezifische Videos

https://es-tu.de/WVx8RG

Ingo Licha:

Einkaufsorientierte Bedarfsplanung mit SAP® – 2. Auflage

- Bestellpunktdisposition, stochastische und rhythmische Disposition
- Planung, Planverlauf, Bedarfs- bzw. Bestandslisten (MD04) und Prognosen
- Materialstammdaten sowie Customizing der Grundeinstellungen und Prozesse
- 2. Auflage erweitert um themenspezifische Videos

https://es-tu.de/8YqKf5

Franziska Bernard:

Praxishandbuch SAP® EWM: Planung und Einrichtung eines Materialflusssystems (MFS)

- Konzeption eines automatischen Lagers, Customizing, Stammdaten
- Telegrammkommunikation zwischen SAP EWM und Anlage
- Störungsmanagement, Kennzahlen und Housekeeping
- Praxisnahme Darstellung anhand eines Beispiellagers

https://es-tu.de/fKyiB